西葫芦与佛手瓜
高效益栽培技术

编著者

刘宜生　吴肇志　王长林

U0208767

金盾出版社

内 容 提 要

本书由中国农业科学院蔬菜花卉研究所研究员刘宜生等编著。内容包括：西葫芦和佛手瓜的植物学性状及对环境条件的要求，优良品种介绍，栽培形式，栽培技术，采种技术及主要病虫害防治等。文字通俗易懂，栽培技术实用。可供广大菜农、部队农副业生产人员和农校师生阅读参考。

图书在版编目(CIP)数据

西葫芦与佛手瓜高效益栽培技术/刘宜生等编著 . —北京：金盾出版社，1994.10
ISBN 978-7-80022-930-5

Ⅰ. 西⋯　Ⅱ. 刘⋯　Ⅲ. ①西葫芦-栽培②佛手瓜-栽培
Ⅳ. ①S642.6②S642.9

金盾出版社出版、总发行
北京太平路 5 号(地铁万寿路站往南)
邮政编码：100036　电话：68214039　83219215
传真：68276683　网址：www.jdcbs.cn
封面印刷：北京精彩雅恒印刷有限公司
正文印刷：北京金盾印刷厂
装订：永胜装订厂
各地新华书店经销
开本：787×1092 1/32　印张：2.5　字数：50 千字
2009 年 4 月第 1 版第 11 次印刷
印数：122001—132000 册　定价：5.00 元
(凡购买金盾出版社的图书，如有缺页、
倒页、脱页者，本社发行部负责调换)

目　录

一、西 葫 芦

（一）概　述

西葫芦别名荽瓜、白瓜、番瓜等，又称美洲南瓜，是葫芦科南瓜属中的一个种，原产于北美洲南部。

西葫芦的生长势较强，对环境条件要求不高，种植技术比较简单，便于运输和贮藏，在我国大部分地区均可种植，它在我国广大的北方地区是露地瓜类生产中上市最早的蔬菜之一，主要以嫩瓜供食用。随着我国保护地生产的迅速发展，它在春末夏初，甚至在冬季和早春也可以供应市场。据报道，内蒙古乌海市高产大棚亩产可达 7 500 千克，辽宁阜新市的亩产亦达 7 280 千克，产值可获 5 000～6 000 元。即使南方的大棚，如地处江苏扬州市的亩产也达到 4 000 千克左右，产值 3 000 余元。山东烟台市的日光温室中，1 月下旬即可采收，亩产 4 500 千克，亩收入 7 200 余元。西葫芦的种植面积仍在不断地扩大，在保护地瓜类栽培中，已成为仅次于黄瓜的重要蔬菜作物。

西葫芦中含有比较多的抗坏血酸和葡萄糖，特别是钙的含量高，每 100 克可食部分中就含有 22～29 毫克，它比中国南瓜及印度南瓜的含量均高。由于品种不同，每 100 克可食部分中营养成分含量不同，其蛋白质含量为 0.6～0.9 克，脂肪为 0.1～0.2 克，膳食纤维为 0.8～0.9 克，碳水化合物为 2.5～3.3 克，胡萝卜素为 20～40 微克，维生素 C 为 2.5～9 毫克。一般可炒食或作馅,种子可加工成干香食品。此外,由于西葫芦的不同品种间果实形状、大小和果色差异很大,所以,除作蔬菜外,还可作观赏用或者作饲料用。

(二)植物学性状及对环境条件的要求

1. 植物学性状

西葫芦播种后,在适宜条件下,2 天后胚根就可伸长,根的生长非常迅速,3 天后长可达 3 厘米左右,4 天后就可从主根上长出很多侧根,同时子叶从种皮中脱出,由于胚轴的伸长而将其带出地面,7~8 天完成出芽期。此期主要依靠子叶中贮藏的物质进行发育。其后小苗独立生活,展开的子叶进行光合作用,上胚轴生长比较迟缓,第一节间很短。西葫芦的子叶很大,对植株的生长有较大的影响,当它由于虫害或其他原因受到损伤时,便可延迟雌花、雄花的开花期,并使产量降低。所以在栽培技术上要注意对子叶的保护和促进它的正常发育。

西葫芦的根系发达,分布范围广,主根深入土中可达 2 米左右,平均每日增长 2.5 厘米。如经移植主根长度生长受阻,仅约 60 厘米。其 1 级侧根近水平分布,而且侧根数目很多,并会很快地产生 2 级、3 级侧根。根系生长较快,易形成木栓化组织,对养分和水分的吸收能力较强,较耐瘠薄。但一般早熟品种生长势比较弱,经育苗移栽后,根系被切断,纵向发展受到阻碍,抗旱能力减弱,为获取丰收,在栽培上仍需注意灌溉、施肥。

西葫芦茎蔓生,按其生物学性状可分为矮生、半蔓生和蔓生 3 种类型。大多数西葫芦品种的主蔓生长优势强,侧蔓发生得少而弱。长蔓品种蔓长可达数米；半蔓生品种长为0.5～0.8米；矮生类型节间甚短，常呈丛生状态，但在生育期长的日光温室中栽培，其蔓长也可达1米左右。

西葫芦的叶片为掌状深裂，在矮生品种的茎上叶片密集互生，叶面粗糙而多刺，有的品种叶片绿色深浅不一，近叶脉处有银白色花斑。叶柄长且中空。

西葫芦的雌雄花最初均从叶腋的花原基开始分化，是按照萼片、花瓣、雄蕊、心皮的顺序从外向内连续出现的。但雄花是在形成花蕾时心皮停止发育，而雄蕊发达。雌花则是在形成花蕾时雄蕊停止发育，而心皮发达，并继而形成雌蕊和子房。西葫芦是雌雄同株异花的蔬菜作物，花单独地着生于叶腋处，花色鲜黄或橙黄，雄花有钟形的花冠，花萼基部形成花被筒，花粉粒大而重，并有粘性，风不能吹走，授粉由昆虫完成。雌花为下位花，雄蕊退化，有一环状蜜腺，单性结实能力差，自花结实率低，特别是在冬季和早春，不进行人工辅助授粉很难结果。雌花在开放后其柱头分泌大量淡红色粘液时为最佳的授粉时期，此时授粉坐果率高。雌花着生的部位，因品种而异，矮生品种第四五节，半蔓生品种第七八节，蔓生品种在第十节以上。西葫芦花芽分化的性型受环境条件的影响较大，日照长短和气温高低对它的发育有明显的影响，一般在高温和长日照条件下，植株雄花出现得早而多；在低温和短日照条件下，雌花的花型发育早，而且雌花的节成性高。虽然雌花在植株上出现的节位，低温比高温为低，但生育比较缓慢，在一定期间内，雌花数和果实重量受到限制。所以，为了获得早熟而又高产，必须考虑雌花出现的节位和生育的速度。

西葫芦的果实系由子房发育而成，在受精以后生长迅速，发育初期的果实生长很快，而果重的增加主要是在夜间，果实的生长与种子的发育是同时进行的,果实成熟时种子也成熟。果实的形状有圆筒形、椭圆形和长圆柱形等多种。嫩瓜与老熟瓜的瓜皮颜色有些品种相同,有些不同。一般嫩瓜皮色有白色、白绿、金黄、深绿、墨绿或白绿相间等各种花斑;老熟瓜皮色有白色、乳白色、黄色、橘红或黄绿相间等色。种子为白色或淡黄色,长卵形,种皮光滑,每果有种子300~400粒,千粒重130~200克。种子寿命一般4~5年,生产上可利用的年限为2~3年。西葫芦的种子形态与南瓜属中的中国南瓜、印度南瓜种子的差异见表1。

表1 3种南瓜属种子形态特征比较

区　分	种喙形状（由发芽孔与脐组成）	种子边缘	种子形态	种子平均(毫米)			平均千粒重(克)
				长	宽	厚	
印度南瓜	喙大而呈倾斜状	与种皮色泽相似,无黄色镶边	种子大而厚,长宽差距小,卵圆形,较宽	17.10	10.20	3.10	341.60
中国南瓜	喙小而平直	较种皮色深,有金黄色镶边	介于二者之间	15.20	8.40	2.30	245.00
西葫芦	介于上述二者之间	有黄边,但不及中国南瓜明显	种子小而薄,长宽差距大,种子卵圆形,较窄	13.70	7.30	2.10	165.00

（摘自《蔬菜种子学》）

西葫芦果实的生长和膨大,需要吸收和积蓄大量的营养物质,因而抑制了它的营养生长,也抑制了花芽的分化与发育。由于西葫芦的嫩瓜可以食用,所以,不太成熟的果实也有其商品价值。反之，不同的采收期对西葫芦的性别变化和果实重量产生较大影响。据试验报道，如果从雌花开放起，按每日1次、每周3次、每周2次、每周1次及2周1次采收，观察其植株的果实重及雄花与雌花的比例变化，可知采收次数多的平均果实重量小，采收间隔时间越长的平均单瓜重越大，二者可相差10余倍。但从全株看，多次采收者，雌花、雄花的数目均多，雄花与雌花的比值小，而间隔2周采收者，雄花、雌花的数目都明显地减少，而且其比值加大，它较每日采收者高1.3倍，说明其雌花数目受到特别显著的抑制，雌花与雄花之比值，随着收获次数的减少而增加。

2. 对环境条件的要求

(1) 温　度

西葫芦是瓜类蔬菜中较耐寒而不抗高温的蔬菜。生长发育的最适宜温度为20～25℃，15℃以下生长缓慢，8℃以下停止生长，30℃以上生长缓慢且极易发生病毒病，32℃以上花器不能正常发育。种子发芽的适温为25～30℃，13℃时可以发芽，但很缓慢；30～35℃发芽最快，但易徒长。开花结果期要求较高的温度，以维持在22～25℃为宜。西葫芦对低温的适应能力强，有些早熟品种的耐低温能力甚至超过黄瓜。根系伸长的最低温度为6℃，根毛发生的最低温度为12℃，受精果实在8～10℃的夜温下能与16～20℃夜温下受精的果实同时长大成瓜。

(2) 光　照

西葫芦属短日照作物，在短日照条件下结瓜期较早，而在长日照条件下有利于茎叶生长。光照强度要求适中，较能耐弱光，光照不足时易徒长，不易结瓜。一位日本学者曾通过不同温度和日照长短试验，观察其对西葫芦第一雌花着生节位的影响后发现，在同样温度条件下，短日照处理的要比长日照处理的降低1～2节。而在同样短日照条件下，昼温在22～24℃，夜温在10～13℃时，要比昼温在26～30℃，夜温在20℃的条件下降低9～10节。这说明低温、短日照有利于西葫芦雌花的形成、数目的增加和节位的降低。这一性状对春季早熟栽培是非常有利的。

（3）湿　度

西葫芦喜欢湿润而不耐干旱，特别是在结瓜期土壤应保持湿润，才能获得高产。土壤的相对湿度以70%～80%为宜。在高温干旱条件下易发生病毒病，高温高湿条件下易发生白粉病。在保护地中种植西葫芦可以创造良好的环境条件，但若管理不当，棚内湿度过大时，易引起病害的发生与蔓延。

（4）土壤和营养

西葫芦对土壤的要求不甚严格。沙土、壤土和粘土均可栽培。土层深厚、疏松肥沃的壤土，有利于根系的发育，易获高产。沙性土壤，土温回升快，有利于发根缓苗，可促进提早上市。适宜的土壤为氢离子浓度158.5～3163纳摩/升（pH5.5～6.8）。西葫芦的需肥量较高，生产1000千克商品，需要氮3.9～5.5千克，五氧化二磷2.1～2.3千克，氧化钾4～7.3千克。其比例约为1：0.5：1.2。

（三）优良品种介绍

1. 一窝猴

北京地方品种，华北地区均有栽培。植株直立，分枝性强，叶片为三裂心脏形，叶背茸毛多，主蔓第六至八节出现雌花，以后连续7～8片叶节节都有雌花，单株结瓜3～4个。瓜为短柱形，商品瓜皮深绿色，表面有5条不明显的纵棱，并密布浅绿网纹。老熟瓜皮橘黄色。单瓜重1～2千克。果实肉质嫩，味微甜，皮薄，肉厚瓤小。从播种到收获50～60天，采收期1个半月，亩产4 000千克左右。早熟，抗寒，不耐旱，适于早熟栽培，但不抗病毒病和白粉病。

类似品种还有济南一窝蜂、郑州一窝鸡等。

2. 花叶西葫芦

又名阿尔及利亚西葫芦。北方地区普遍种植。植株茎蔓较短，直立，分枝较少，株形紧凑，适于密植。叶片掌状深裂，狭长，近叶脉处有灰白色花斑。主蔓第五至六节着生第一雌花，单株结瓜3～5个。瓜长椭圆形，瓜皮深绿色，具有黄绿色不规则条纹，瓜肉绿白色，肉质致密，纤维少，品质好。单瓜重1.5～2.5千克。亩产4 000千克以上，从播种到收获50～60天。收获期两个月左右。较耐热、耐旱、抗寒，易感病毒病。

3. 阿 太

山西农科院育成的一代杂交种。叶色深绿，叶面有稀疏白斑。矮生，蔓长33～50厘米，节间短，第一雌花着生于第五六节，以后节节有瓜，采收期集中。嫩瓜深绿色，有光泽，老熟瓜呈黑绿色。亩产5 000千克左右。露地直播50天后可采收重约0.5千克的嫩瓜。

4. 早　青

山西农科院育成的一代杂交种。结瓜性能好，瓜码密、早熟。播后 45 天可采收嫩瓜，一般第五节开始结瓜，单瓜重 1～1.5 千克。如果采收 250 克以上的嫩瓜，单株可收 7～8 个。瓜长圆筒形，嫩瓜皮浅绿色，老瓜黄绿色。叶柄和茎蔓均短，蔓长 30～40 厘米，适于密植，亩产 4 000 千克以上。本品种有先开雌花的习性，在保护地中栽培，需用 2，4-D 蘸花。

5. 站　秧

黑龙江省地方品种，东北地区栽培较多。主蔓长 30～40 厘米，节间极短，可直立生长，适于密植。叶片较大，有刺毛，缺刻深裂。嫩瓜长圆柱形，瓜皮白绿色，成熟瓜呈土黄色，肉白绿色。单瓜重 1.5～2.5 千克，早熟，较抗角斑病和白粉病。从播种至开始采收青瓜需 44～50 天，亩产 4 000～5 000 千克。

6. 黑美丽

由荷兰引进的早熟品种。在低温弱光照条件下植株生长势较强，植株开展度 70～80 厘米，主蔓第五至七节结瓜，以后基本每节有瓜，坐瓜后生长迅速，宜采收嫩瓜，平均单个嫩瓜重 200 克左右。瓜皮墨绿色，呈长棒状，上下粗细一致，品质好，丰产性强。每株可收嫩瓜 10 余个，收老瓜 2 个，单瓜重 1.5～2 千克。本品种适于冬春季保护地栽培和春季露地早熟栽培。亩产 4 000 千克左右。

7. 灰采尼

从美国引进的杂交种。叶片形状近似阿尔及利亚西葫芦，掌状叶片缺裂稍浅，植株长势较旺，抗病性较强。果实形状、颜色也与阿尔及利亚西葫芦相似，果实生长快而不易化瓜。

8. 长蔓西葫芦

河北省地方品种。植株匍匐生长，茎蔓长 2.5 米左右，分枝性中等。叶为三角形，浅裂，绿色，叶背多茸毛。主蔓第九节以后开始结瓜，单株结瓜 2～3 个。瓜为圆筒形，中部稍细。瓜皮白色，表面微显棱，单瓜重 1.5 千克左右，果肉厚、细嫩，味甜，品质佳。中熟，从播种到收获 60～70 天。耐热，不耐旱，抗病性较强。亩产 3 000～4 000 千克。

9. 绿皮西葫芦

江西省地方品种。植株蔓长 3 米，粗 2.2 厘米。叶心脏形，深绿色，叶缘有不规则锯齿。第一雌花着生于主蔓第四至六节。瓜长椭圆形，表皮光滑，绿白色，有棱 6 条。一般单瓜重 2～3 千克。嫩瓜质脆、味淡。生长期 100 天左右，亩产 2 000 千克以上。

10. 无种皮西葫芦

甘肃省武威园艺试验场育成。种子无种皮，为以种子供食用的品种。植株蔓生，蔓长 1.6 米，第一雌花着生于第七至九节，以后隔 1～3 节再出现 1 朵雌花。瓜短柱形，嫩瓜可以做菜用。老熟瓜皮橘黄色，单瓜重 4～5 千克。每 100 千克种瓜能采种子 1.5 千克。种子灰绿色，无种皮，千粒重 185 克。

种子炒食不用吐壳，也可直接作糕点。

（四）栽培形式

西葫芦可春播或秋播栽培，但主要是春季种植，在南方无霜或轻霜地区，1～3月播种。长江中下游地区，冷床育苗的播种期为3月上旬，露地直播多在3月下旬。如用小拱棚栽培则可提早10～15天播种，例如南京地区的栽培类型（表2）。在北方地区直播的播种期应掌握在当地断霜后出苗的时期，有条件的地方可提早育苗，断霜后定植。由于各地的保护地形式繁多，可利用风障畦、地膜覆盖、改良阳畦、中或小棚、塑料大棚等简易设施进行种植。特别是自日光温室兴起以来，西葫芦上市的时间更加提前。华北、西北地区西葫芦的早熟栽培形式可参见表3和表4。

表2 南京地区西葫芦的栽培类型

栽培类型	播种期	育苗方式	定植期	采　收　期
小棚西葫芦	2月下旬	温床育苗	3月下旬	5月上旬至6月中旬
露地西葫芦	3月上旬	温床育苗	4月上旬	5月下旬至6月下旬

表3 华北地区西葫芦早熟栽培种植参考表

栽培形式	育苗方式	播种期	定植期	供　应　期
日光温室				
深冬茬	温　室	10月上中旬	11月下旬至12月上旬	2月上旬至3月下旬

栽培形式	育苗方式	播 种 期	定 植 期	供 应 期
冬春茬	温 室	12月下旬至翌年1月上旬	2月中下旬	3月中旬至4月下旬
阳畦栽培	温室、阳畦	2月上中旬	3月上中旬	4月中旬至6月
小拱棚栽培（盖草帘）	温室、阳畦	2月中下旬	3月中下旬	5～6月
风障栽培	阳 畦	3月上中旬	4月上中旬	5月至7月上旬
露地栽培				
育 苗	阳 畦	3月中下旬	4月下旬	6～7月
直 播		4月中下旬		6～7月

表 4　西北地区西葫芦早熟栽培种植参考表（旬/月）

地区	栽培形式	播 种 期	定 植 期	采收始期	备 注
西安	地 膜	中/3	上/4	中下/5	或下/4直播
	中小棚	上中/2	上中/3	中下/4	
	大 棚	上/2	上/3	上/4	
兰州	地 膜	中/3	下/3	上/5	冷床育苗
	大 棚	上/2	中/3	下/4	温室育苗
银川	地 膜	上/4	上/5	中/6	或中下/4直播
	大 棚	上/3	上/4	中/5	
	温 室	上/3	上/4	上/5	上/3直播

地区	栽培形式	播种期	定植期	采收始期	备注
西宁	地膜	下/4～上/5	下/5～上/6	上/7	直播
	大棚	上/3	中/4	下/5	
	温室	上/3	上/4	中/5	
乌鲁木齐	地膜	上/4	上/5	中/6	
	中小棚	中/3	中/4	下/5	
	大棚	上/3	上/4	上/5	

（引自《西北蔬菜保护地栽培》）

（五）栽培技术

1. 露地栽培

（1）春 播

栽培方法可分直播与育苗两种。直播方法简单，但效益较差；育苗栽培可以提早上市，投资较大，但效益好。所以，现多以育苗移栽为主。

育苗方法随地区而异，多数地区是先浸种催芽，然后播种。在浸种前要进行选种，除去杂物、小籽、秕籽，留用干净饱满，千粒重达 200 克左右，具有本品种特性的种子。浸种的方法是：将种子放在瓦盆或其他无油污的容器中，先用冷水浸泡，然后放到 50～55℃ 的温水中烫种，并不断搅拌，保持 15～20 分钟，自然冷却后使水温降到 25～30℃，浸种 4～6 小时。为了减少种子带菌，捞出种子后用 1% 高锰酸钾液浸种 20～30 分钟，或用 10% 磷酸三钠液浸种 15 分钟也可。把种子取出控干，摊开晾晒，将干未干时，再把种子装入干净的瓦罐或其他容器中,放在火炕或加温温室的火道上催芽,温度保持在25℃左右为宜,经2～3天可以出芽,在此期间每日应用温水清洗种子1次。如催芽量较大,在催芽过程中每隔4～5小时上下翻动1次,可促使出苗整齐。一旦出芽,就不再翻动,当芽长约1.5厘米时即可播种。幼芽过长,播种时易被碰断。若遇阴雨天不能播种时,可将种子放在冷凉处,控制幼芽伸长。

播种的营养土应在播前20～30天配制好。营养土应选用未种过瓜类蔬菜的无病土壤和优质农家肥配制,生产上普遍采用的是园田土6份,腐熟的马粪或圈肥4份。倘若肥力不足,还可以每平方米中再加入腐熟细碎的大粪干15～25千克,或过磷酸钙0.5～1千克、草木灰5～10千克,将园土和粪肥过筛,混合均匀即可使用。营养土可在苗床中做成营养土方,也可将营养土装入纸袋或塑料钵中,一般高8～9厘米,直径9～10厘米,在装土时不宜过满,边装边压,留出一部分空间供覆土时用。纸袋或塑料钵码放的高度要一致,以便于管理,袋的间隙处要用细土填充。

催好芽的种子,可直接播种在装好营养土的纸袋或钵中,也可以节约播种设施,将它们均匀地撒播在经消毒并浇足水的锯末或蛭石的育苗盘中,待子叶展开真叶露心后及时分苗到营养钵中。由于西葫芦根系生长较快,分苗要尽量早些,以免过多地伤根。西葫芦种子较大,拱土能力强,覆土厚度约2厘米。如果覆土过浅,易出现"戴帽"现象,并且有芽干的危险。

西葫芦的幼茎易伸长徒长,严格控制温湿度是培育壮苗的重要环节。播种后保持高温可促进出苗,昼温保持25～30℃,夜温18～20℃,适宜地温在22～24℃之间,相对湿度

80%～90%，一般 3～4 天即可出苗。幼苗出齐后适当降低温度，开始通风，白天维持在 25℃左右，夜间 13～14℃。从第一片真叶展开到定植前 8～10 天，夜间温度可降到 10～12℃，以促进幼苗粗壮和雌花分化，防止胚轴徒长。在定植前 8～10 天，要逐渐加大通风量，降温炼苗，一般白天 15～25℃，夜间 6～8℃，定植前 2～3 天进行低温锻炼，温度可降到 2～8℃，使其与露地定植的环境条件相似。应用土坨切块或用纸筒、塑料钵育苗的，在定植前 1 周要囤苗，囤苗后要降低温度，并用细土将缝隙封严。

在通常情况下，播种前应浇足底水，直至定植前可不再浇水。浇水易降低地温或引起徒长，如果缺水可覆以潮土弥补。但用塑料钵或纸筒育苗时，吸取土壤深层水分有一定限制，所以，苗期缺水时，可选晴天上午用喷壶喷洒补水并及时覆土，以防土壤板结。浇水后，要注意加强通风，排除潮气。

经过 30～35 天良好的苗期管理，可以培育出茎秆粗壮，节间较短，叶柄较短，叶片浓绿而肥厚，具有 3～4 片真叶，株形紧凑的健壮幼苗。播种过早，秧苗较大，定植时叶柄、叶片易受损伤；播种过迟，定植时秧苗较小，缓苗慢，成熟期延晚。

定植以前先要施足基肥。亩施优质农家肥 3 000～5 000 千克作底肥，也可施用马粪、羊粪等肥料，采用普施与沟、穴施相结合的方法施入。整好地后，垄距起成 60～65 厘米，株距按 40～50 厘米刨埯，每亩定植 2 000～2 200 株。也可做成 1.3 米宽的平畦，每畦中植两行。栽苗时坐水栽，待水渗下后，封埯并扶正瓜秧。西葫芦定植的安全期是地温稳定在 13℃以上，夜间最低气温不低于 10℃。缓苗后，结合追肥浇 1 次催秧水，促进根系的发育，为多结瓜、结大瓜打好基础。但此时地温低，浇水过多易发生沤根现象。浇催秧水后应及时中耕松土，进入蹲苗期，一般第一个瓜长到10～12厘米时，开始浇水，浇水过早易使秧苗徒长而化瓜。结瓜后要逐渐加大浇水量，一般5～7天浇水1次，保证表土湿润。雨季还要注意排除畦内积水。在缓苗后可开沟拦肥，施入饼肥，每亩150～200千克，或施入50～60千克的三元复合肥。瓜秧封垄后，在结瓜期间顺水追施粪稀（每亩1 000～1 500千克）或硫酸铵（每亩10～15千克）。一般追肥2～3次为宜。在西葫芦的生长发育过程中，要注意水肥的管理，如苗期和第一雌花坐果期，倘若氮肥和水分施用过多，就易引起植株徒长，雌花的分化和坐果都会受到影响，不是雌花出现晚就是产生化瓜现象；相反，初果期留瓜过多，采收又不及时，营养生长受到抑制，就会产生坠秧现象，使瓜秧生育不良。要注意使营养生长和生殖生长平衡发展，才能获得早熟高产的效果。

为了提高西葫芦的坐果率，增加前期的产量和总产量，最好进行人工辅助授粉，每天上午6～8时，把正开的雄花摘下，去掉花瓣，露出雄蕊，再往雌花柱头上涂抹几下即可。8时以后授粉坐果率急剧下降。在雌花刚开放时，还可用毛笔或毛刷蘸取每升含20～25毫克的2,4-D液，往雌花柱头上抹1次，可防止落花、化瓜，提高坐果率。在气候冷凉地区，每升中的2,4-D含量可提高到30～50毫克。同时，还要注意随时去除侧芽和侧枝。

西葫芦前期留瓜过多或根瓜采收过晚，易引起坠秧现象，影响后期坐瓜。有试验证明，早期摘除西葫芦的幼瓜，可以比采收成熟的瓜提高光合生产率15％，增加叶数并扩大叶面积20％，因而可提高产量，延长植株的生长期和结瓜期。所以，在一般生产上要特别注意及时采收，第一个瓜在谢花后7～9天，瓜重达0.25～0.5千克时即可采摘，以后各瓜可长至1～1.5千克时收获，这样既提早了上市时间，增加收益，又能促进植株生长，防止早衰，提高总产量。

（2）秋　播

秋播与春播的环境条件有很大差异，适宜西葫芦生长的季节短，气温高而潮湿，植株易过旺徒长，病害较多。所以，在栽培管理上要做到植株健壮而不徒长，是获得高产的关键。

秋播品种一般选用生长期短的花叶西葫芦，也有选用邯郸地区的农家品种"花皮"的，它前期植株发育快，抗病毒病的能力较强，瓜体膨大较快。

秋播的播种期掌握在日平均气温24～25℃时为宜。河北省中南部地区在8月10～15日播种，采用直播方式为主。秋播西葫芦的生长势比春播的旺盛，所以密度可略稀些。早熟品种的行株距为70厘米×60厘米；中熟品种为80～100厘米×60厘米。西葫芦生长前期温度高、湿度大，要注意深中耕、勤中耕，每次大雨过后都要及时排水、中耕，以提高土壤的通气性，并防止杂草丛生。如果旱情较重，可开沟浇小水，最好不要大水漫灌，以防疯秧。当大部分植株已经坐瓜，应浇一水，可维持到收获。秋播西葫芦生长期短，以追施速效性化肥为主。前期一般不追肥，结瓜期结合浇水，每亩随水施入15～20千克尿素或25～30千克硫酸铵。

秋播西葫芦必须注意及时整枝打杈，要见杈就打，不可忽视。由于后期气温迅速下降，所以，秋西葫芦一般1株只留1个瓜，当第一个瓜长到10～15厘米时，应及时将主蔓摘心，出现的侧枝也应及时打掉。第二个瓜不易成熟，瓜体也小。如市场无特殊需要，则以结1个大瓜的方式获得高产，一次采收完毕。此瓜耐贮藏，可在一般贮藏条件下陆续上市。

2. 简易地面覆盖栽培

我国各地菜农为使西葫芦提早上市，因地制宜地创造了很多简易地面覆盖的方式进行生产。例如，银川市的菜农，采用地膜直播西葫芦时，还加设风障，北、东、西三面都设有1.8～2米高的风障，在西葫芦出苗后，于傍晚每棵苗上盖一直径为30厘米左右的泥碗，以防寒保温，早揭晚盖。在其南面6～7米处再设一腰墙风障，高度也是1.8米左右，造成良好的小气候环境。其风障多是以芦苇搭成的。在辽宁的一些地区，还有采用朝阳沟栽培的，其方法是：按1米行距挖1沟，沟宽25～30厘米，东西延长，先挖一锹表土置于沟南侧，再挖的土放于沟北侧，做成北帮，高为25～30厘米，将放置在沟南侧的表土掺入粪肥后回填到沟里，沟里地面低于地表10厘米左右。在此沟上再用短竹竿或树条等物按一定距离插成小型支架，上面覆盖地膜，还可再盖草苫。这样农时可比露地栽培提早15～20天。

大多数地区是使用地膜覆盖来栽种西葫芦。据北京市的调查，覆盖地膜的采收前期可比露地栽培增产79％，后期增产20％，平均总增产43％左右。黑龙江的高寒地区可增产

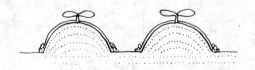

图1　小高畦地膜覆盖栽培

60％左右。一般的地膜覆盖可比露地提早7～10天上市，增产

幅度为 20%～30%，亩产可达 4 000～5 000 千克，经济效益较高。

　　西葫芦地膜覆盖的方法有小高畦地膜覆盖栽培（图 1），是在做好的小高畦上覆膜后直接打孔定植，或是先栽后盖膜的方法；另一种是沟畦栽种地膜覆盖栽培（图 2），它是在覆膜前沟栽、晚霜后引苗的方法；还有一种是在沟畦栽种地膜

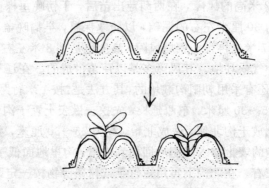

图 2　沟畦栽种地膜覆盖栽培

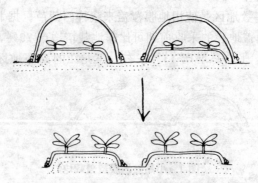

图 3　小高畦矮拱棚地膜覆盖栽培

覆盖栽培基础上发展起来的小高畦矮拱棚地膜覆盖栽培（图3），群众称之为"先盖天，后盖地"、"一条龙"等。这种方式综合了小高畦地膜覆盖栽培和沟畦栽种地膜覆盖栽培两种方式的优点，克服了它们单独使用时的一些缺点，可以早定植、早坐瓜、早上市，更能提高地膜覆盖的效益，因而是一种比较理想的简易覆盖方式。

地膜覆盖西葫芦，要选择短蔓、站秧、节密、侧枝少，适于密植的早熟丰产品种。它的播种期可比露地栽培育苗提早10～15天，苗龄25～30天。每亩需种量0.4～0.5千克。浸种催芽的方法与露地种植相同，苗期管理也大致相似，但要注意提早锻炼幼苗，因为，外界气温低，风大，如果苗期锻炼不好，定植后幼苗的抗逆性差，缓苗期长，成活率低。所以，苗期要注意低温锻炼，特别是在定植前7～10天要加大通风量，夜间只要不出现霜冻，也要通风锻炼幼苗。

准备种植西葫芦的地块应在化冻后尽早整地翻耕，并要施足优质农家肥，每亩4 000～5 000千克。地面要深刨细耙，不得有土块和垃圾。在定植前垄沟内再以每亩20～25千克碳酸氢铵或6～10千克磷酸二铵做为定苗肥，并将其与土掺匀。如果采用小高畦地膜覆盖后直接打孔或栽后盖膜的方法，则比较简单，在整平地后，按60厘米距离起垄，垄高10～12厘米，然后覆盖宽度为60～63厘米的薄膜，要保证覆盖质量，畦面平整，土粒细碎，没有凹凸不平的现象，盖膜时地膜要紧贴畦面，拉紧抻平，将膜侧紧压入土，在栽苗的膜孔及破裂处均需用土盖严，不要产生跑气、散热的情况。还可以做成宽100～120厘米的小高畦，每畦错开埯种植两行，株距55～60厘米，每亩栽苗2 000～2 200株。为了防止覆膜后杂草丛生，可在畦面和畦边于铺膜前喷洒除草剂，用48％氟乐灵乳油 100～150 毫升/亩，或 48％地乐胺乳油 200 毫升/亩等。采用沟畦栽种，地膜覆盖，是做成底宽 25～30 厘米，上口宽 30～40 厘米，深约 20 厘米的马槽形沟，沟要做得整齐，较直立，每沟种植 1 行，把苗栽入沟内，将土坨埋没，但幼苗不能露出沟外，然后覆盖地膜，这样，幼苗在地膜保护下，轻霜不会受冻，断霜后剪膜开孔，引苗出来。采用此法种植时，需要注意尽可能地把土地深耕 30 厘米左右，以便加深耕作层，有利于发根。做畦挖沟时要结实，防止塌帮埋苗，施的底肥和打的底墒水一定要充足，因为覆膜后浇水追肥都比较困难。当缓苗后要注意在地膜上对准苗基部位置打孔放风炼苗，这样可以避免由于苗被突然引出膜外而不适应环境。采用小高畦矮拱棚地膜覆盖栽培是按行距做成小高畦或开沟，定植后用小竹竿、紫穗槐枝条、铁盘条等材料，在小高畦上扦插成高 30～50 厘米、略大于小高畦宽度的矮拱棚架，然后选择幅宽合适的地膜覆盖在矮拱棚架上面，四周用土将地膜埋严、压实，待晚霜过后，将"天膜"揭开，撤掉矮拱棚架，尽快地进行松土、除草、追肥，再把撤下的"天膜"变成地膜，直至西葫芦拉秧。这种"天膜"也可不用新的薄膜，而采用塑料大中棚撤下来的棚膜，再次利用而不增加生产投资，保温防寒的效果也很好。定植不可过早，过早往往易遇到霜冻危害。

定植扣膜后，要抓好以下几个技术环节：

（1）护　膜

早春天气风沙多，地膜覆盖时偶有疏忽便会被大风吹跑或刮坏，所以要有人随时看护。如果薄膜有透气、破损的地方，也要及时用土压严，以便发挥地膜的保温、保湿效能。

（2）**放风炼苗和撤除"天膜"**

扣膜以后，随着气温的升高，膜内温度上升也较快，幼苗易受烈日高温危害。在定植 7～10 天后就要注意膜内的温度，如果超过 25℃，可在对着苗眼处割"T"形口通风降温，或在畦南侧揭起部分薄膜进行放风炼苗。膜孔或放风口都要由小到大，逐渐增加通风量，以增强幼苗的适应性。晚霜后将苗引出膜外，并使膜落地，同时要用土封好引苗孔。如果是小高畦矮棚地膜覆盖方法，可在定植 20～25 天后，把支架从垄的一边撤去，将地膜顺畦摆放在小高畦的一侧，尽快地进行一次松土、除草和追肥，并把畦面整好，然后用剪子横向剪开地膜，顺膜缝套住苗，套苗后把地膜边缘靠畦边埋严、压实。在进行这些操作时要注意尽量减少损伤西葫芦的茎、叶，地膜还要铺得平整并贴紧畦面。

（3）**人工授粉和生长素处理**

由于地膜覆盖较露地栽培定植早，收获早，所以，更应注意前期坐瓜率的问题，要及时进行人工授粉和生长素的处理，以防止落花化瓜。其具体方法同露地栽培。

（4）**控制水肥**

在地膜覆盖条件下，由于地温高、水分足，根系发达，吸水吸肥能力强，所以，要控制水肥，一般不再灌水追肥，如果施肥过量易引起茎叶徒长。若因天气过分干旱或土壤漏水等原因造成瓜秧缺水，可以适当追肥、灌水，防止化瓜或膨大不良。在追肥时尽量不要破坏地膜，可以采用随水追肥的方法，将粪稀或碳酸氢铵等随水灌入畦间沟里，或者在小高畦两侧开沟埋施，施肥后在畦间沟内浇水 1 次。此外，也可以将尿素和磷酸二氢钾配成 0.5% 的浓度，进行叶面追肥。

同时，还要注意及时去除部分雄花、侧芽、侧枝，以防止其消耗营养，影响主瓜的生长。

（5）采　　收

地膜覆盖可比露地栽培提早 7～10 天上市，要及时采收嫩瓜，以免影响以后瓜的生长。采收时要注意不损坏瓜秧，尽量延长瓜秧寿命。

3. 保护地栽培

为了供应春淡季的瓜类蔬菜，利用中、小塑料棚栽培西葫芦的面积发展很快，甚至塑料大棚和日光温室中的种植面积也在逐年增加。利用小拱棚进行西葫芦的生产，高的亩产量可达 7 500 多千克，纯收益达千元以上。有的大棚生产亩产可达 6 000～8 000 千克。棚栽西葫芦可以说是一项投资少、收益大、技术简便、易于掌握的种植项目。

（1）小拱棚地膜覆盖栽培

塑料小拱棚昼夜温差较大，若配合草苫覆盖，其保温防寒性能比塑料大棚还好，可比露地生产提早 15～20 天收获。用于栽培西葫芦的小拱棚，可采用高度为 0.9～1 米的圆拱无支柱型，也可用半圆拱型的改良阳畦式小拱棚，即北面设有 0.7～1 米高的土墙，南面为半圆拱棚架。拱棚的棚向以东西延长为好。种植时还需覆盖地膜。

小拱棚栽植的西葫芦苗，一般是 3 月中下旬在温室或温床中育苗。选用耐寒性强，适应性好，早熟、丰产的抗病品种，同时要求叶片较小，叶柄较短，适宜密植的品种为好，目前生产中采用早青一代、一窝猴、阿尔及利亚西葫芦等较多。由于西葫芦的根系、茎叶生长快，定植时不易因伤根而引起大缓苗，所以，要采用大的塑料钵或营养纸袋育苗，营养土的配制与露地育苗相近，其中马粪、牛粪等的比例可适量增加。

定植的土地应尽早整地施肥，亩施优质农家肥 4 000～5 000千克，掺入过磷酸钙 40～50 千克，犁深耙平。在定植前15～20 天，覆盖好地膜，并扣好小棚烤地，以待定植。小拱棚一般宽 2.8～3 米，长 20 米左右，东西行向栽 3 行，株距50 厘米，每亩 2 000 株左右。在定植前应按苗的大小、强弱进行分类，然后分畦定植，这样便于管理。当小棚内的地温升到 12℃以上时，就可及时定植。定植时要边揭塑料膜、边定植、边盖膜，尽量保持棚内温度。定植后封棚 3～5 天，以提高地温和棚温，促进发根缓苗。缓苗后开始进行温度管理，主要以通风来调节棚温，白天保持在 20～27℃,夜间 15～20℃。可先揭拱棚两侧通风，以后随着气温升高，白天拉开薄膜的通风口，逐渐加大，夜间盖严，这样可提高雌花着花率，降低结瓜的部位。定植前期特别要防止出现 0℃以下的低温伤苗，定植 20 天以后，外界最低气温达 10℃以上时，可进行昼夜通风。此时外界温度较高，日照较强，要注意固定好通风口，倘若通风口关闭，棚内温度急剧上升，如达到 40～50℃时，会严重阻碍植株生长，甚至会烤苗死秧。遇阴、雨天气时，则应暂时关闭风口。当 5 月份天气转暖后，白天应揭膜大通风，夜间再将膜盖好，至 5 月底再撤去覆盖，此期棚内温度不得超过 32℃，最低温度不得低于 15℃。

缓苗 7～10 天，视瓜秧生长情况要浇缓苗水，随后中耕蹲苗，在前期中耕 2～3 次，深度 10 厘米左右，可起保墒、提高地温、促进发根的作用。植株地上部的表现矮壮，节间短，叶色深，叶片厚，刺粗锋锐。雌花开放时要进行人工辅助授粉或用 20～30ppm 的 2,4-D 沾花或涂抹柱头，以防落花。有雄花及侧枝时应尽早摘除，以免消耗营养。谢花 10 天后，根瓜膨大时开始灌水，并随水施粪稀，或亩施硫酸铵20千克，或施尿素15千克。再过3～4天即可采收第一个瓜。根瓜采收宜早，单瓜重250～500克。在5月下旬以后，温度转高，可以不用2,4-D处理。

根瓜收获后，植株进入结瓜盛期，棚膜撤除后转入露地生产时，要注意肥水管理，即肥水要均匀。浇水过勤，秧苗徒长而易化瓜；浇水不均，忽干忽湿又会形成畸形瓜，影响商品质量。一般7～10天浇水1次，并隔1次清水追1次粪水。到瓜秧生长后期，则应适当减少浇水次数和浇水量，同时可将老叶摘除，以利于通风，延长秧苗的生长期，增加后期产量。管理好的田块可于7月中旬拉秧，以便种植秋茬作物。

（2）塑料大棚及日光温室栽培

塑料大棚的小气候环境比较适合西葫芦的生育，春提前秋延后的栽培方式中均有种植，但以春提前栽培为主。有的地方将西葫芦作为主作栽培，也有的将其作为黄瓜的副作栽培，于大棚的两侧处种植。随着大棚技术的发展已有单层棚和多层覆盖，其保温性能不同，因此，具体的定植日期也各有差异。一般来说，当棚内地温稳定通过8℃以上，最低气温不低于0℃时便可定植。根据育苗的苗龄需30～35天可达到壮苗标准的要求，从而确定出当地大棚适宜的播种期。在北方地区，播种期在2月上旬至3月上旬，定植期在3月中旬至4月上旬，4月下旬到5月中旬开始上市，5～6月份为上市的主要时期。南方采用温室加电热线和营养钵育苗，可在1月上中旬播种；冷床育苗的则在2月上中旬播种。育苗期30～35天，4月上中旬至5月上中旬可分期上市。从定植到拉秧仅需3个月左右。

育苗的方法已如前述,但由于育苗期正处于低温季节,所以要特别注意温度和光照不足的问题。温度过低出苗不整齐,易形成小老苗;温度高,光照弱易形成徒长苗。苗龄过大容易出现花打顶,定植时容易伤根;而幼苗过小则很难早熟,效益较差。在定植前的20～30天要扣棚烤地,土壤化冻后整地施肥,定植前3～5天做畦或起垄,并覆盖地膜。扣地膜的较不扣者可早栽2～3天;在大棚内又扣小拱棚的或扣塑料帽的可以提早5～10天;地膜加小拱棚覆盖的可较单层大棚的提早10～15天定植。从定植后到根瓜采收前共需20～25天,主要以保温、保墒、促根为主。定植后的5～7天密闭大棚,促进尽快缓苗,大棚内套小拱棚或盖塑料帽的,为了增加光照,白天要揭开,晚间要盖严,使棚内白天温度维持在25～30℃,夜温达15～18℃。缓苗后浇水1次,并适当通风降温,白天维持在22～25℃,夜间13～15℃。不盖地膜的,此期要抓紧采取中耕措施,以提高地温和增加土壤的通透性,促进根系生长。温度高于30℃要放风,低于20℃要关闭通风口。从根瓜采收到第四五个瓜收获时为盛瓜期,共40～50天。这期间外界气温升高,要加强通风,夜间气温高于15℃以上时,可昼夜放风。并要注意浇水追肥,每次每亩追施硫酸铵15～20千克。大放风后还可随水浇人粪尿。收4～5个瓜后植株开始衰败,一般不再浇水追肥。

所谓日光温室就是指能源来自太阳辐射,或只在最寒冷季节、灾害性天气时进行人工辅助加温,并采用防寒保温设施的温室。自1988年以来,在我国北方地区用日光温室种植蔬菜迅速发展。为了增加日光温室中的多样化栽培,除黄瓜、番茄外,西葫芦已上升为一种比较重要的栽培作物。由于西葫芦和黄瓜对环境条件的要求大致相似,所以,西葫芦的种植也安排为深冬茬和冬春两茬，可以在元旦至春节前后上市，并获得较高的经济效益。例如，北京市平谷县的冬茬西葫芦，平均亩产3 300千克，亩产值7 900元。

在日光温室中种植西葫芦，其所需的能源是靠日光的射入和保温设施的条件与管理水平来保证的。所以，要取得栽培的成功，必须有严格的保温意识，充分发挥覆盖物的保温性能，同时，还要注意提高光照强度，尽可能地延长光照时间，每天揭开草苫后要擦净屋面，争取尽可能多的阳光射入；遇到阴天时，只要外界温度不降到5℃以下，也要揭开草苫。有条件的温室可在北侧加挂聚酯镀铝膜反光幕。据测定，在60厘米高处其增光率为3.8%～44.3%，5厘米处的地温，增加0.8～3.2℃，5厘米高的气温可增加0.9～3.5℃。光照时间少于7小时往往会使开花迟缓，所以，要尽量早揭晚盖草苫，以延长光照时间。

在日光温室中种植西葫芦主要有两茬：一茬称之为越冬茬，或叫深冬茬，一般在9月底至10月上中旬播种育苗，11月上中旬定植，12月中下旬采收；另一茬称之为冬春茬，大多于12月上中旬育苗，1月中下旬定植，2月下旬开始采收，直至5月上中旬结束。

①越冬茬栽培的技术要点：越冬茬西葫芦，可在小白菜、小萝卜等速生菜收获之后定植，也可空棚直接定植。

由于本茬育苗较早，各地建棚早晚有所不同，所以，育苗场地的选择也有不同的情况。如果在9月下旬日光温室还未建好，不可能在温室内育苗，便需在露地做阳畦育苗，育苗后要用薄膜覆盖，天冷后还需用草苫等物覆盖防寒。如果在播种前已建好温室并扣好薄膜，则苗床可在温室中直接做畦，不必准备其他的保温设备，但在寒冷地区可考虑温室内覆盖小拱棚育苗。

在日光温室中栽培西葫芦，由于投资大、成本高，环境条件不良，所以，对培育壮苗的要求甚为严格，应尽量采用纸袋或塑料钵育苗的方法，定植时可少伤根，缓苗快，增加植株的抗逆能力。关于营养土配制的要求和具体方法，前面已经介绍，这里不再重复。但需要强调的是，越冬茬育苗时要求更严格，质量要更好些。特别是为了增加本茬的经济效益，还要注意育苗时的营养面积应更大些，在选用营养钵时，需直径10厘米的大钵，且要求育苗场地宽松一些，待苗长大时可将营养钵适当拉开，以免拥挤而徒长，以利于培育壮苗。如用营养土方育苗时，土方的体积也要大些，以15厘米见方为最好，最小也不能小于12厘米见方。

越冬茬每亩播种量为250～300克，浸种催芽方法同前。播种后盖上地膜，白天保持28～30℃，夜间保持在18～20℃，经过3～5天即可出齐苗。由于西葫芦的上胚轴（俗称水管）极易徒长，所以，幼苗出土后应及时揭去地膜，防止形成高脚苗。如发现有种皮戴帽出土的现象，则需再撒一层细土。同时，覆盖阳畦的塑料膜也要揭开放风，以防幼苗徒长，或用手轻轻地将其掐掉。

在本茬西葫芦的育苗期间，温度已经下降，主要靠掌握放风时间和放风量来调节畦内的温湿度。出苗前要保持较高的气温，提高土温，从而促进生根发芽，出苗后又需逐步降低温度，防止幼苗徒长，白天温度保持在20～25℃，夜间为8～12℃。当白天的温度超过25℃时开始放风，降至20℃时缩小风口或关闭风口。当畦内气温降至15℃左右时要覆盖草苫，早晨揭苫时不低于6～8℃，若高于10℃以上再揭苫时已经过晚。育苗期间还要严格控制水分，不发生旱象不浇水，如确实需要浇水时，要选在晴天上午进行，浇水量不宜过大，浇水后又应加强通风，降低空气湿度。在定植前5～7天降温炼苗，以提高幼苗的适应性和抗逆性，若白天温度在18～22℃，夜间温度6～8℃，可使幼苗的叶色深绿，根系粗壮。本茬在露地阳畦育苗，往往易引起蚜虫为害，要特别注意及时防治，尤其是在向温室定植前，一定要彻底打药治蚜。

经过35～40天的育苗期，选择节间短、茎粗0.4～0.5厘米，高12～15厘米，株形紧凑，根系完好，达到3～4叶1心的无病虫的壮苗，进行定植。为了在低温条件下生产西葫芦，本茬在定植前需大量施用腐熟的优质农家肥料，亩施10 000千克左右，再加入磷酸二铵40～50千克，饼肥100～150千克作基肥。这些肥料中的2/3在地面铺施，然后深翻两遍，使肥土均匀，平地后按行距开30厘米深的沟，将剩余的1/3均匀地撒入沟内，再在沟内浅翻使肥土拌匀。在沟内浇水后，待到可作业时再行起垄。

越冬茬栽培必须采取垄作。定植时的株行距有大小行和等行距两种。大小行栽培的大行距为70～100厘米，小行距50～70厘米，株距40～50厘米。在施肥沟上做成瓦垄畦，底宽40厘米，垄高15～20厘米，覆盖地膜。在大行距间还可起一小垄，一方面便于控制水量，另一方面也便于人在田间操作行走。也有的地方做成1.5米宽的小高畦，中间开沟，在岗上各种1行西葫芦，然后全畦覆盖地膜，在膜下浇水施肥，这样，既便于控制水量，又能降低室内空气湿度，有利于防止病害的蔓延。每亩温室实际定植1 300～1 700株。

本茬定植时已值严寒季节，应注意选在晴天上午定植，定植时按大小苗分类，将大苗栽到温室的东、西、南3部分，小苗居中。定植穴应适当大些，直径13～15厘米，深度11～12

厘米，在穴内栽入苗坨，而后覆土围坑，并在坑内分株浇水，待水渗后填平土坑，并把膜的破口扯回封住压严。全室栽完后还应顺垄两侧沟内浇水。

定植后以保温缓苗为主，定植后的 3～4 天内闭棚保温，不超过 32℃时不放风，如超过 32℃时可开小缝放风，下午要早关缝，以确保温度，白天保持 25～30℃，夜间保持 18～20℃。缓苗后应适当降温，防止徒长，白天温度在 22～28℃，夜间温度在 12～15℃，最低温度不低于 8℃。

进入结瓜期的管理，要注意调节好营养生长与生殖生长的矛盾。在通常情况下，西葫芦植株营养生长旺盛时，雄花出现得多，雌花出现得少；相反，如果茎叶生长稍弱，雌花就会出现得多。当栽培条件发生改变时，雌雄花的比例也会改变，一天中有 8 小时处于 15～20℃的相对低温时，适合于雌花的形成，而一天中有长达 16 小时的 30℃高温时，则能促进雄花的形成。此外，土壤营养条件和空气湿度对花的性别表现，影响也很明显，土壤营养好且空气湿度高时，可以增加雌花的数量。在保护地中，特别是在日光温室中进行深冬茬栽培时，其栽培环境是处于低温和高湿的条件下，而且营养生长也较弱，因此，雌花出现得很多，雄花则甚少。所以，在保护地中种植早熟西葫芦时，特别要注意在开花时进行人工授粉或及时地涂抹 2，4-D 或番茄灵等植物生长调节剂，以防止因未授粉而造成化瓜和脱落，并促进幼瓜的尽快发育。处理时，2，4-D 的浓度为 30～40ppm，番茄灵的浓度为 70ppm。其方法是在花柱与花瓣基部涂抹 1 次，也有的是在小瓜有 5 厘米长时涂抹瓜柄 1 次，开花时再在花柱与花瓣基部涂抹 1 次，效果更好。为了防治灰霉病，可在溶液中加入 0.1％的 50％速克灵可湿性粉剂，能收到既防化瓜又防烂瓜的效果。越冬茬西葫芦的结果前期正值严冬季节，所以，在温度管理上要倍加注意。在严冬到来之前要有意识地降低温度，特别是夜温不能过高，可降到10～12℃或再略低一些，使植株能经受低温锻炼。严冬到来后又要注意防寒保温，对保温性能差的温室，特别是短后坡温室，白天温度可掌握在30～32℃，以贮存较多热量，防止夜温过低。对保温性能好的温室，夜晚温度不低于12℃的，白天温度不要太高，以掌握在25～28℃为宜。在严冬过去以后，温度管理就容易掌握了，但在天气突变时，还要防止受高温的伤害。

在西葫芦定植浇水后，水分可维持到缓苗，若土壤干燥缺水，则可顺沟再浇一水，此后就必须严格控水，防止秧苗徒长，以利于开花结果。浇水后可在大行间进行中耕保墒，以提高地温。待第一个根瓜坐住，长到10厘米以上再开始浇水追肥，每亩施三元复合肥15～20千克。在严冬季节要适当少浇水，一般10～15天浇1次，并应尽量在膜下沟灌，当温度增高后就可7～8天浇1次水。在本茬西葫芦种植的前期可少追肥，春节前追2～3次即可。春节以后，温度逐渐升高，每株采收5～6个瓜以后，瓜秧也会有衰弱的趋势，就需要加强水肥管理，多次追肥，浇1次清水后再追肥1次，可追施尿素、硫酸铵或硝酸铵等化肥，每次每亩用量15～20千克。其后，还可顺水冲入人粪尿，每亩1000～1500千克。同时，也要根据天气和土壤情况适当地控瓜促秧，尽量保持植株健壮，延长结瓜期。根瓜采收后便进入盛瓜期，瓜秧上雌花较多，但若温度、水分管理不善，养分供应不足或失调时很易化瓜。为了促进瓜秧生长，可在叶面喷施0.5%～1%的磷酸二氢钾和尿素的混合液，以促进幼瓜的发育。也有报道认为，配合使用每亩25毫克的光合促进剂Ⅲ号和15～20克光呼吸抑制剂进行叶面追肥，有良好效果。

在西葫芦生长过程中，应随时摘除侧枝、卷须及老叶，如果中后期雄花过多也应摘除。对于一些由于养分供应不足而造成部分黄化的幼瓜，也应及时摘除，这样，可以减少养分损失，也可避免病害的传播。

本茬种植的西葫芦生长期长达 7～8 个月，结瓜期为 100～150 余天，虽然种植的是短蔓早熟品种，其茎也可长到 1～1.5 米以上，在其上密集地着生 50～60 多片叶子，单株可采收嫩瓜 20 多个，所以易造成植株间叶片拥挤，互相遮光，影响通风透光。为了形成良好的室内群体结构，可采取吊蔓措施，以充分利用空间的光、热条件。吊蔓时，先在每一行上面扯一道南北向的铁丝，但铁丝尽量不与拱架连接，以免使屋面变形。每一株瓜秧用一根绳，绳下端用木桩固定在地面上，随着蔓的生长，将绳和蔓互相缠绕在一起即可。吊蔓的方式也可在每株秧旁插一个粗竹竿，再用马兰或塑料绳将蔓捆住。通过吊蔓措施，有利于植株生长，也有利于授粉、打药和采收等田间作业的进行。

本茬西葫芦的采收季节正是蔬菜淡季，经济价值较高。定植后 20 多天就可坐住根瓜，坐瓜后 8～10 天可增重到 250～300 克，此时，要注意及时采收，商品瓜不可过大过晚，否则，会使瓜坠秧不长，以后生长的幼瓜发生黄化或脱落，从而引起栽培的失利。根瓜采收后的其他嫩瓜也要及时采收，最好单瓜不超过 500 克，否则，会使品质下降，并影响到经济效益。采收时，应注意轻拿轻放，将嫩瓜用纸包好或直接装入衬垫有塑料膜的纸箱或筐内，以便运销。

②冬春茬栽培的技术要点：冬春茬西葫芦的生长期是从寒冷季节逐渐进入温暖季节的，光照条件越来越好，生长期

间的条件越来越接近正常生长的状况。商品上市的供应期主要在早春和初夏。因此，本茬的管理技术比越冬茬容易，成功的把握性更大。

此茬多在 12 月上中旬育苗，都是在温室里进行的。为了节约育苗场地，育成方式根据温室中种植作物的情况而有所不同。如秋冬茬温室中种植的是黄瓜，便可在黄瓜行间架起苗床，在床上育籽苗，到需要分苗移植时再拔除部分黄瓜秧，在地面做好分苗畦，然后将籽苗移入。如果前茬是韭菜等低棵作物，则可在中柱前架起东西向苗床，直接育成苗。如果前茬是速生菜类或者是空茬地时，则可在温室内做成半地下式阳畦育苗。有条件的地方，若有专门的育苗温室育苗，则更为方便。

本茬在整地施肥、定植方法等方面与越冬茬相似。但底肥的施用量可以适当减少，一般每亩施用优质农家肥 4 000～5 000 千克，其他磷钾肥及饼肥用量也可适当减少。由于冬春茬西葫芦定植时间正值 1 月中下旬，是天气最寒冷的季节，所以，在定植时要求更能严格保温，加快缓苗速度，这是本茬西葫芦种植成功的关键时期。在定植时，采用分株浇稳苗水后，不要急于浇大水，以免降低地温，可根据天气及苗情再分株浇水 1～2 次，待缓苗后，于晴天的上午再顺沟浇 1 次水，把垄浸透。同时要加强日光温室内的其他保温和增加光照等项措施，例如，定植后再加盖小拱棚，以增加地温。浇水后要加强中耕，一般 3～4 天 1 遍，连续 3～4 次，这样可促进地温提高，有利于根系的发育。

结瓜盛期及生育后期的管理原则，保秧保果及采收的技术等要求与越冬茬栽培相同。

（3）保护地栽培应注意的问题

不论是在大棚还是在日光温室中种植西葫芦，欲获得成功，都需要注意以下两个问题：

①注意调节好温湿度的矛盾：温度和湿度有着密切的关系，例如，棚、室内温度在10℃时，空气中绝对湿度达到8克/千克时，相对湿度就能达到100％，而在20℃时相对湿度还不到60％。所以，在无加温条件下，夜间温度低时，相对湿度增高，雾气加大；当上午室内湿度达到100％时，经过通风换气后，室内的温度、湿度与外界条件相接近；当傍晚气温下降时，关闭门窗，湿度又提高，不久便雾气弥漫，遇到冷凉的薄膜表面就凝结成水滴，雾气消失。所以，从傍晚至第二天的清晨，西葫芦都是在相对湿度近100％的条件中渡过的。因此，越是处于低室温、高土壤湿度的条件下，雾气弥漫的时间越长，越不利于植株生长却有利于病害的发生。所以，除了需要采取各种防寒保温措施外，还要特别注意棚、室内湿度的控制。为了防止高湿度的出现，应注意采用如下措施：一是采取临时的增温措施；二是设置二道幕；三是使用无滴薄膜；四是利用地膜、稻草等覆盖物防止地面蒸发；五是采用滴灌或膜下沟灌技术；六是严格控制浇水次数和浇水量；七是注意搞好设施内的排水等。

②追施二氧化碳：温室和大棚中种植的西葫芦，在日出后便要进行光合作用，消耗掉大量的二氧化碳，但为了保持温度，棚室往往需要密闭，外界的二氧化碳难以向棚内补充，致使棚室内的二氧化碳气发生亏缺，光合作用能力下降，妨碍有机物的合成，不利于西葫芦的生长。如果在晴天温室中二氧化碳的浓度达到1 000ppm，阴天达到500ppm时，对作物的生长是很有利的。施用二氧化碳的方法很多，目前主要

用以下 3 种方法：

第一，增施农家肥料，使大量的农家肥在微生物分解过程中释放出二氧化碳，以增加设施内的二氧化碳浓度。

第二，在不明显影响棚室温度的情况下，进行短时间的小通风，使自然界的二氧化碳补充进棚室内，但时间不能过长，以不降低温度而妨碍生长为度。

第三，人工施用二氧化碳。如燃烧液化石油气、丙烷、煤油、天然气等含碳氢的燃料，可产生二氧化碳。还可使用燃烧煤或焦炭的二氧化碳发生器，生产二氧化碳，并经过滤清除一氧化碳、二氧化硫等有害气体。这种向棚内补充二氧化碳的方法也是比较有效的。但从生产来看，这些方法成本高，普及还较困难。现在生产中简便易行的方法，是利用碳酸氢铵与硫酸化学反应生成二氧化碳气和硫酸铵。具体的方法是：在棚室每 20 平方米面积的中间放置容器，内衬塑料薄膜，放入稀释 4 倍的硫酸 $1\sim1.2$ 千克。在稀释时要注意将硫酸慢慢倒入水中，不得将水倒入硫酸中，以免飞溅伤人。每天上午 8 时左右，向稀硫酸中投入 $90\sim120$ 克的碳酸氢铵，当硫酸耗尽，容器内只剩下硫酸铵时，可以清除出来作化肥，然后重新放入稀释的硫酸，投入碳酸氢铵，继续释放二氧化碳气。一般是在西葫芦定植缓苗后，每天施用 1 次，连续施用 $30\sim35$ 天。施放二氧化碳要密闭 2 小时，然后再放风。如遇阴雨日应停施二氧化碳。此外，还可用石灰石加盐酸反应的方法生成二氧化碳，但不很普遍。

在追施二氧化碳时应注意以下的问题：为了使增施的二氧化碳能发挥最大效益，必须与温度、光照、水分和肥料等适宜的条件相配合。如果温度过低或过高，光照也不充足时，施用二氧化碳也不能起到其应有的作用，所以，在追施时要将棚温增加到 28~30℃，能提高光合作用效果。在大棚或日光温室中追施二氧化碳时，还应注意将棚膜封严，这样二氧化碳气才不会跑掉。由于二氧化碳气的比重较大，不易流动，易于下沉，所以，应将产生二氧化碳的容器吊在西葫芦的上部，并随着植株的生长适当地调整位置，这样可使棚室内的二氧化碳气分布均匀，发挥出追施气体肥料的作用。

（六）采种技术

西葫芦的采种技术应注意下列几个要点。

1. 选留原种

在大面积生产田中，选择生长健壮，符合品种特征特性的植株，用人工授粉的方法选留原种。由于西葫芦第一朵雌花结的瓜个小、种子少，而第二至四个瓜的产量高，所以，要选择主蔓第二至三朵雌花，开放前一天，将花蕾用发卡卡住花冠，或用 5 安［培］保险丝捆住花冠，同时把未开的雄花花蕾也捆住，第二天清晨进行人工授粉。授粉时将雌花花冠松开，然后取异株上的雄花，除去花瓣，将雄蕊上的花粉均匀地涂抹于雌花的柱头上，授粉完毕后，仍将雌花花冠卡住或捆住，防止别的花粉再次传入。授粉后在花柄处挂上小塑料牌作记号，2~3 天后子房膨大正常，说明授粉成功。待种瓜成熟后，需经过严格选择，把符合本品种特征特性的种瓜作为原种采收。

2. 隔　离

由于西葫芦品种之间容易串花杂交，而且与中国南瓜、印度南瓜等不同品种间也可相互杂交，杂交率可达 40％左右，所以，要注意采种田的隔离，它们之间的空间距离不应少于1 000米。

3. 留　瓜

在主蔓上的第一雌花结的瓜一般不作种瓜，开花前即应摘除，第二雌花以后结的瓜留作种瓜。早熟品种一般雌花的节成性高，数量多而果小，每株可留 2～3 个种瓜；中晚熟品种大瓜型的每株留 1～2 个。坐瓜太多时，应在幼瓜期摘除。在嫩瓜和老熟瓜发育的不同阶段，要根据瓜形、皮色、植株生长势等进行选择，对不良的病瓜、畸形瓜以及不符合品种特性特征的瓜进行淘汰。

4. 人工辅助授粉

隔离条件好的，对生产用种可在开花期间每天清晨进行人工辅助授粉，把不同株的雄花花粉轻轻地涂抹到雌花柱头上，这样，可以显著地提高结瓜率和种子产量。

5. 后熟、掏籽

自雌花受粉到种瓜成熟需 50 天左右。种瓜采收后，一般不立即剖瓜掏籽，因为种子还不十分饱满，发芽率低，经过存放 10～20 天后熟，再行剖瓜取籽，这样，既能提高种子的质量，又可提高发芽率。西葫芦种子的休眠程度与采种果实的成熟度有关，果实成熟度高的，种子休眠程度轻，休眠期为 2 周左右；如果种瓜成熟度差，种子休眠程度深，休眠期可达 8 周左右。西葫芦的种子在后熟过程中，有时可在果实中发芽，所以，后熟时间不宜过长。

掏籽时可将瓜皮纵切后用手掰开,把瓜瓤和种子取出,放在粗筛上摇擦,以便滤去汁液和细瓜瓤,然后将其放在竹篮中,用流水漂洗,以冲去丝瓤,再将种子放在席上晒干,用风选方法将夹在其中的秕子吹掉。注意冲洗后的种子一定要及时晾干,以免发霉,降低发芽率。

为了提高西葫芦的产量、质量、抗病性及整齐度,现在,国内外西葫芦种子生产上也在进行杂种一代的利用,且培育成的新品种已收到明显的效益。为育成一个优良的1代杂种,一般需要进行原始材料的筛选,选育出优良的自交系,并确定杂交组合和生产杂种种子等4个程序。在采本繁殖及杂种1代制种中应注意以下的技术要点:①由于西葫芦是短日照作物,在低温和适当的短日照条件下有利于雌花的着生,所以,在苗期应加强温度与光照的管理,白天温度掌握在20~25℃,夜间在12℃左右,每日光照以8小时为宜。②在进行杂种制种时,父母本的栽植比例为1:4~5,即母本种植4~5行,父本种植1行。同时,由于采种栽培每株只选留1~2个种瓜,其他的瓜要全部疏去,同时还要打杈、摘心等技术配合,所以,可以比菜用栽培时适当密植。③对母本上出现的雄花,在开放前的蕾期就必须摘除干净,这样才能保证母本上收获的种瓜都是经过杂交后产生的,否则会使杂交失败。利用人工授粉进行杂种1代的制种,要比自然放任授粉结果率提高很多,所以,可在清晨用人工除去雄花的花冠,手握花柄,把雄蕊中已开裂的花药在雌蕊柱头上轻轻涂抹。1朵雄花可授2~4朵雌花。④在幼果发育过程中,应随时注意淘汰不符合要求的劣瓜,并经常摘除多余的雌花。种瓜充分老熟后应及时采收。由于杂种1代的制作手续比较繁杂,持续时间较长,所以,普通的生产者不宜自己制种。需用适宜于当地种植的优良 1 代杂种时，可向有关农业科研部门或种子公司购买。

（七）主要病虫害及其防治

1. 病毒病

西葫芦的病毒病是由黄瓜花叶病毒（CMV）和甜瓜花叶病毒（MMV）引起的。症状表现可分为花叶型、皱缩型和混合型。花叶型最为常见，主要表现是叶片出现淡黄色不明显的斑纹，后呈浓淡不匀的小型花叶斑驳，严重时顶叶畸形，变成鸡爪状，叶色加深，有深绿色疱斑。果实上在近瓜柄处出现花斑，果实畸形或不结瓜。植株发病早，能引起全株萎蔫。皱缩型症状在西葫芦上也较常见，其表现比花叶型明显，新长出的叶片沿叶脉出现浓绿色隆起的皱纹，或出现蕨叶、裂片，或叶变小，有时出现叶脉坏死，节间缩短，植株矮化，严重时不能结瓜。果面出现花斑，或产生凹凸不平的瘤状物，果实多为畸形，食用价值降低，严重时病株枯死。有些植株其症状具有上述两种病毒病的特点，则为混合型症状。

此病在高温、干旱、日照强、管理粗放和缺水缺肥的情况下发病严重。西葫芦感染病毒后，在温度 18℃和 25℃时，潜育期分别为 11 天和 7 天。

防治方法

第一，选用前面介绍的抗病品种。从无病株上留种。播种前种子进行消毒，商品种子用 10％磷酸三钠浸种 20 分钟，水洗后浸种催芽，或用 55℃温水浸种 40 分钟，或将干种子置于 70℃下干热处理 3 天。

第二，春季栽培时要采取早育苗、简易覆盖等措施，早栽、早收，避开蚜虫及高温等发病盛期。在管理上，要施用腐熟的农家肥，前期加强中耕，促进根系发育，氮磷钾肥配合施用，可增强抗病性。

第三，实行3～5年的轮作，消灭田间寄主杂草，在田间管理过程中，注意防止人为传毒。经常要检查田间的发病情况，发现病株立即拔除、烧毁。

第四，苗期防治蚜虫和温室的白粉虱。在西葫芦育苗房和生产设施中，应避免与其他瓜类蔬菜混栽，早期要防止有翅蚜和白粉虱的迁入。在蚜虫点片发生阶段，及时采用药剂防治，有良好的防效。

2. 白粉病

该病是西葫芦的主要病害，可减产10％～30％。它是由单丝壳属真菌侵染所致。先在下部叶片的正面或背面长出小圆形白粉状霉斑，逐渐扩大、厚密，不久连成一片。发病后期整个叶片长满白粉，后变灰白色，最后，叶片变黄褐色而干枯。茎和叶柄上也能发生类似病斑，但不及叶片明显。后期有的病斑上散生小黑点。

田间流行的温度为16～24℃，空气湿度在45％～75％时发病快，湿度低于25％仍能发生，超过95％则显著抑制发展。一般雨水偏少的年份易于发病。当保护地内光线不足，通风不良，闷热或温度忽高忽低时，病势发展较快。

防治方法

第一，选用抗病品种。育苗期间应注意适当通风，保持较稳定的温湿度条件。定植宜选用地势较高、通风、排水良好的田块，底肥要注意氮磷钾的配比，避免氮肥过多。在棚室内种植时，应注意通风、透光、降低湿度，防止植株徒长和早衰。

第二，药剂防治：在保护地内种植的，可用45％百菌清烟剂（安全型）熏蒸。45％百菌清烟剂的用量是每亩250克。在发病初期可使用25％粉锈宁可湿性粉剂2 000倍液，或15％粉锈宁可湿性粉剂1 000倍液，或50％多菌灵可湿性粉剂500倍液，也可用农抗120水剂100ppm液。从始病期开始，每7天喷1次，共喷2～3次。由于连续使用单一的杀菌剂，目前白粉病菌对多菌灵和托布津等杀菌剂已产生抗药性，因而其防治效果显著降低。所以，在连年种植西葫芦的田块里，应用不同药剂交替使用，以防产生抗药性，提高药剂防治效果。

3. 灰霉病

本病系由半知菌亚门的葡萄孢属真菌引起。西葫芦的花、幼瓜、茎叶和较大的瓜都可受害。病菌多从开败的花部侵入，使花腐败，花和幼瓜感病后，蒂部初呈水渍状，幼瓜迅速变软，表面密生灰褐色霉层，导致果实萎缩腐烂。受害瓜轻者停止生长，重者腐败脱落，脱落的烂花和幼瓜附着在叶面可引起叶片发病，形成大型枯斑。附着在茎上也能引起茎部腐烂，使蔓折断，植株死亡。

低温高湿是发病的重要条件，在15～27℃均能发生此病，最适温度为22℃。特别是在保护设施中湿度大，浇水多，结露时间长的条件下发病较多。

防治方法

加强田间管理，适当控制浇水，加强通风降湿，及时摘除病花、病瓜、病叶。冬春季节注意增温和保温措施，在露地和保护地中采用高畦、地膜、滴灌等栽培方法以降低株间湿度。尤其是在日光温室及大棚中，要尽量减少顶棚滴水。

为了防止灰霉病的发生，可利用蘸 2，4-D 的同时，在溶液中加入 0.1％的 50％速克灵可湿性粉剂，有较好的防治效果。发病初期喷洒 50％速克灵可湿性粉剂 2 000 倍液，或 50％扑海因可湿性粉剂 1 500 倍液，或 50％托布津可湿性粉剂 500 倍液。也可用速克灵、百菌清等烟雾剂傍晚熏烟，也有良好效果。病菌容易产生抗药性，可用多氧霉素、抑菌灵等药剂交替使用或混用，也有较好防效。施药间隔 7 天左右，连续3～4 次。用药要早，以防为主。

4. 瓜 蚜

俗称腻虫、蜜虫等。它能群集在西葫芦的叶背、嫩茎和嫩尖上吸食汁液，分泌蜜露，致使叶片卷缩，瓜苗萎蔫，甚至枯死，也可缩短结瓜期，造成减产。特别是它能传播病毒病，给西葫芦的生产造成很严重的损失。瓜蚜的若蚜共 5 龄，成虫分有翅胎生雌蚜和无翅胎生雌蚜。有翅胎生雌蚜黄色、浅绿色或深绿色，前胸背板及腹部黑色，腹部背面两侧有 3～4对黑斑，触角 6 节，短于身体。无翅胎生雌蚜在夏季多为黄绿色，春秋季为深绿色或蓝黑色。体表覆薄蜡粉。腹管黑色，较短，圆筒形，基部略宽，上有瓦状纹。卵为长椭圆形，初产时黄绿色，后变为深黑色，有光泽。蚜虫 1 年可发生 20～30 代，冬季主要在温室、苗房和改良阳畦中的瓜类蔬菜上繁殖为害。繁殖的适温为 16～22℃，超过 25℃和相对湿度 75％以上时，不利于瓜蚜繁殖。在棚室栽培中，由于冬春季有温暖的环境，夏季又可防雨，有利于瓜蚜的周年发生，特别是在干旱年份，发生严重。

防治方法

主要是清除棚室内及其周围的杂草，特别是在育苗房内要将蚜虫消灭，培育成"无虫苗"后，再定植到日光温室或塑料棚中。结合整枝打杈，摘除带虫的老叶，一起将其拿出田外处理。对发生的蚜虫要喷施药剂，消灭在初发阶段。主要喷施的药剂有 50％马拉硫磷乳油、20％二嗪农乳油、70％灭蚜松可湿性粉剂等各 1 000 倍液，40％乐果乳油 1 000～1 500倍液，或复果乳油（敌敌畏 40％、氧化乐果 10％）2 000～3 000 倍液。也可选用 2.5％天王星乳油、2.5％功夫乳油、20％氰戊菊酯乳油各 3 000 倍液，或混配杀虫剂如 40％菊杀乳油、40％菊马乳油各 2 000～3 000 倍液、21％灭杀毙乳油（增效氰马乳油）5 000 倍液等。由于各地长期采用药剂防治，瓜蚜对有机磷杀虫剂已产生耐药性或抗药性，所以，上述的杀虫剂不可单一长期使用，几种农药轮换使用效果为佳。在棚室中还可用烟雾法杀灭，用 22％敌敌畏烟剂每亩 0.5 千克，傍晚收工前对其密闭熏烟，可杀灭成虫。或在花盆内放锯末，洒 80％敌敌畏乳油 0.3～0.4 千克（每亩用量），放上几个烧红的煤球，使其形成烟雾也可。

5. 白粉虱

又叫小白蛾。因虫体和翅表面被白色蜡粉而得名。在北方冬季室外不能存活，以各虫态在温室越冬并继续为害。近年露地受害有上升趋势。一般以成虫和若虫为害，成虫有趋嫩习性，通常集中栖息于嫩叶的背面，吸取汁液并产卵，致使叶片生长受阻而变黄，植株生长发育不良，又加上成虫和若虫能分泌大量的蜜露，堆积于叶面或瓜面，引起煤污病，影响叶片的光合作用和正常的呼吸作用，导致叶片萎蔫，植株枯死，甚至传播病毒病。白粉虱在暴风雨多的年份，为害较轻，在干旱无风雨的年份为害较重。一般秋末冬初，白粉虱从露地迁入温室、大棚、阳畦等保护地生产设施内，继续繁殖为害，以在冬天的加温温室内为害最重。在26℃温度下完成1代约需25天，在北京地区，温室中1年可完成10代左右，可连续为害，到了春季，又从温室大棚等保护地迁出露地，继续繁殖为害。

防治方法

第一，在春季和秋季这二次保护地与露地交接换茬时，彻底消灭虫源。即在春季保护地拉秧前用药剂彻底消灭成虫，拉秧时枯枝烂叶残留物彻底烧毁或深埋，不让卵和虫迁入露地。秋季保护地换茬时，进行隔离育苗，不栽带虫苗，并注意消灭周围的成虫。杜绝卵或虫迁入保护地。

第二，药剂防治：在为害初期可用10％扑虱灵乳油1 000倍液，或2.5％灭螨猛乳油1 000倍液，对粉虱成虫、卵和若虫皆有效，或用2.5％溴氰菊酯1 500倍液，或20％速灭杀丁2 000倍液，喷洒叶片，重点喷幼嫩叶的背面，每7～10天喷1次。保护地可用天王星烟雾剂熏烟，杀灭效果很好。如果没有天王星烟雾剂，也可用80％敌敌畏乳剂配制的烟雾剂熏烟，每亩地用敌敌畏0.4～0.5千克，倒入或拌入锯末或其他易燃物上，然后点火熏烟，时间必须在晴天傍晚进行。

第三，用特制的专用黄板诱杀粉虱成虫，效果也好。

6. 红蜘蛛

俗称火蜘蛛、火龙、砂龙等。属蛛形纲蜱螨目叶螨科。成螨、幼螨、若螨可在西葫芦叶背吸食汁液，并结成丝网。初期叶面出现零星的褪绿斑点，严重时遍布白色小点，叶面变为灰白色，全叶干枯脱落。红蜘蛛1年中可繁殖10～20代，气温10℃以上时开始繁殖，最适温度为29～31℃，相对湿度为35％～55％，高温低湿的条件有利于发生。初发生为点片阶段，再向四周扩散，先为害植株的下部叶片，再向上部叶片转移。管理粗放，植株叶片含氮量高或衰老时红蜘蛛繁殖加快，为害加重。

防治方法

清除田间杂草及枯枝落叶，结合耕整土地，消灭越冬虫源。合理灌溉，增加湿度和增施磷钾肥，可使植株提高抗螨能力。在红蜘蛛点片发生时即应进行防治，可用20％三氯杀螨醇乳油1000倍液，或45％硫胶悬剂300倍液、20％哒嗪硫磷乳油1000倍液。也可用2.5％天王星乳油2000倍液、21％灭杀毙乳油2000～4000倍液、50％马拉硫磷乳油或40％乐果乳油800～1000倍液等喷杀。

（八）贮　藏

西葫芦以食用嫩瓜为主，老熟后瓜皮易木质化，品质较差。但老熟瓜较嫩瓜耐贮藏。西葫芦在贮藏过程中，主要是糖分减少，纤维素的含量逐渐增加，淀粉迅速地转化为糖，碳水化合物损失也较快。贮藏的初期，胡萝卜素含量有所增加，以后就稳定在一定的水平上。

西葫芦的贮藏温度不能太低，低了容易出现冷害。有报道认为，当贮藏温度低于7℃时，就可能发生冷害，其症状是表皮出现凹陷的斑点，内部果肉发生黄化。温度过高又会促进呼吸作用从而加快衰老。比较适宜的贮藏温度为10℃左右。由于未老熟的西葫芦收获后容易变软，所以，贮藏时要求较高的空气湿度，一般要求在95％左右。过高的空气湿度易促进西葫芦的腐烂，湿度过低容易造成果实内水分很快损失，甚至发生空颈现象。贮藏期间，果实内的水分含量应保持在94％左右。

根据消费习惯，西葫芦多采收未熟的瓜，一般是在瓜皮尚未变硬，瓜籽还未成熟，瓜的重量和体积达到成熟瓜的1/2～3/4时即可采收，但重量越小、成熟度越差的瓜越难贮藏。在采收、搬运的过程中应轻拿轻放，尽量避免机械损伤。

不同品种的西葫芦对贮存和运输也有不同的要求。西葫芦的皮色，大致可分为白皮、青（绿）皮、墨绿皮3大类。其中以白皮种最不耐运输，因为白皮西葫芦稍有磨损即易造成商品外观变劣，从而影响其商品价值。

西葫芦的贮藏方法，可以在10℃左右的冷库中直接堆码。堆放时，将瓜蒂朝里，瓜顶向外，依次码放成中空的圆形或方形堆，称为"碉堡式"堆。每堆15～25个。堆也可再大一些，但要通风，不能密闭，如果不通风，会加剧瓜面的出汗现象，影响瓜的贮藏质量。如果装筐堆藏，筐内不宜装得太满，筐口应留一个瓜的空隙，以便空气流通和避免压伤。有条件时，也可在窖内装架，分层码放。架藏时，瓜蒂向下，瓜脐向上，这种存放方法，通风好，容量大，而且便于检查，有利于贮存。

贮存西葫芦也可用气调贮藏法。所谓气调贮藏，就是利用低氧和二氧化碳影响采后蔬菜的生理生化过程这一原理，人为地改变贮藏环境的大气组成，用降低空气中的含氧量和提高二氧化碳的含量，来保持蔬菜品质的贮藏方法。这种方法可抑制西葫芦在贮藏过程中的呼吸作用和乙烯的生成，延缓后熟和衰老，同时，又可抑制病原菌的活动，因而减轻腐败变质。采用气调贮藏，必须用气调库或塑料膜等将产品封闭起来，避免外界空气的干扰。气调库的结构与一般冷藏库相似，但要求有更高的气密性，四壁内侧和天地板应加衬金属薄板或不透气的塑料板或喷涂聚氨酯泡沫塑料。库门和通过墙壁的各种管道也都要有气密结构。在普通冷藏库内用塑料薄膜帐（袋）封闭蔬菜产品也是一种简易的气调贮藏方法。薄膜帐就是先在码垛或架子的底部铺放垫底薄膜，然后将盛放西葫芦的筐码放成垛或将产品放在菜架上，码放后用薄膜帐子将其整垛罩上，帐子和垫底薄膜的四边要叠卷在一起压紧。小帐子可贮藏 1 000～2 000 千克，大的可贮 4 000～5 000千克。除采用帐封外，也可采用袋封，即将西葫芦装在一定大小的塑料袋内，用绳扎或热封袋口，再将袋子放到库内的架子上，一般大袋可装 15～20 千克，小袋装 2～4 千克。封闭薄膜一般采用聚乙烯膜，封帐的薄膜厚 0.08～0.15 毫米，袋封的膜为 0.04～0.15 毫米。气调贮藏时最重要的是在适宜的贮藏温度条件下控制好气体的成分。常用自然降氧法，就是在封帐后依靠产品的自然呼吸来消耗氧和积累二氧化碳，利用吸收剂以除去过多的二氧化碳，使之达到所要求的水平。这种方法降氧较慢，产品在高氧环境中的时间长，效果不甚理想。另一种是采用人工降氧的方法，就是封帐后立即充入大量的氮气，使氧稀释到要求的浓度，并充入适量的二氧化碳，或者使用除氧机，使它与封闭容器联通，进行闭路气体循环，使氧迅速降低。用这种方法降氧，速度快，效果好。补氧只需通过充入适量的空气，二氧化碳可用碱性物质，如消石灰等吸收，也可用活性炭、分子筛等吸附。对于小袋存放的气体调节方法，可以在氧太低或二氧化碳太高时打开袋口通风，然后，再将袋口封闭。对西葫芦来说，5％～15％的二氧化碳有抑制其呼吸强度的作用，当浓度增加到20%时就会有轻微伤害，但这种伤害用肉眼不易识别。

在贮藏过程中，需要勤观察、勤检查，尽量不要翻动，发现有病斑的瓜应及时挑出，以免传染。窖内要保持空气新鲜，晴天可敞开门窗，通风换气。夏天贮藏，窖内温度高，应采用排风扇来换气降温，中午关窗遮阳，早晚开窗通风，以降低室温。

西葫芦在贮藏过程中，还易受病菌的侵染而导致腐烂，为了减少病害的发生，在入窖前，用0.2%氯硝铵浸泡，可有效地控制此病的发生。在瓜皮上打一薄层蜡，也可明显地减少腐烂。

附：搅瓜的栽培与加工

搅瓜是西葫芦的一个变种，别名：葵瓜、金丝瓜、金瓜等。它在上海崇明县、安徽涡阳县、湖北荆门市等地有二三百年的栽培历史，但长期以来未予重视、开发和利用。搅瓜的果肉经加热或冷冻后能分离成约2毫米左右的细丝，其果实中含脂肪甚少，却含有谷氨酸、天门冬氨酸等多种氨基酸，且较耐贮藏，能冻贮，适于加工，被誉为"天然粉丝"和"天然保健食品"。自80年代以来，种植面积不断扩大，北京、河北、河南、山东等地亦引种成功。其加工产品还出口日本、东南亚等国，深受欢迎。

搅瓜有长蔓、中蔓、矮蔓3个类型，据说有12个品种。瓜皮颜色有黄、淡黄、深绿及花皮等色。著名的崇明金瓜，茎蔓性，长3～4米，茎为五棱形，靠基部茎节间较短，随着生长逐渐增长。叶片掌状，浅裂至深裂，顶部叶裂较深。节上有卷须，2～3节分叉。花单性，雌雄同株，花冠筒钟状，橙黄色，5裂片。雄花有雄蕊5个，雌花柱头3裂。茎、叶柄、叶片、花柄、幼果均被硬毛或腺毛。果实椭圆形，具浅棱沟，横纵径比为1：1.3～1.5，果柄有棱，基部不膨大，幼果乳白色，间有淡绿色网纹，老熟后瓜皮转为金黄色，果肉淡黄色，横切面可见环状丝，经蒸煮后能搅成面条丝状，清脆可口。单瓜重2千克左右，亩产1500～2500千克，生长期100天。此外，还有一种绿条金瓜，茎、叶、花的形态与崇明金瓜相似，但蔓较短，叶片较大，生长势旺，果实较长，横纵径之比约1：2。果皮嫩时有绿色条纹及斑点，老熟后黄、绿、白相间。果肉嫩时不易成丝，老熟并贮藏后能成丝，丝较烂，味淡。

搅瓜的生育时期与普通西葫芦大致相似，从播种到收获，经历发芽期、幼苗期、抽蔓期和结瓜期等4个时期。从种子萌动至第一片真叶显露，称为发芽期，需7～10天。从第一片真叶显露到第四片真叶充分展开，为幼苗期，需25～30天。此期是以营养生长为主，养分分配给根系的比例较大。在幼苗期结束时，雄花花蕾已经显露。从第四片真叶充分展开到第一雌花开放为抽蔓期，一般需25天左右。此期的主干及一级侧枝伸长，可展开新叶12～14片。抽蔓期的绝对生长速率提高，积累的干物质大部分都分配给营养器官，根系干重所占比例减少。从第一雌花开放至植株衰老死亡为结瓜期，共40天左右。此期是营养生长与生殖生长同时进行，是生长发育的高峰期，展开的叶片有18～23片。将主蔓摘心，留两条侧枝结瓜的，两者叶片数基本相等；留主干和1条侧枝结瓜的，主干叶片数比侧枝叶片数多2～7片。结瓜后，分配给果实的干物质比例迅速上升，15天后占植株总生长量的50%左右，拉秧时占总生长量的65%～70%。据赵庚义等人的观察，雌花受粉后，果实生长很快，受粉后2天，果实的纵径可增长 1 倍，7 天后增长 3.9 倍。受粉后 30 天左右，果实就基本老熟了。受粉 2 天后的果实经过加热就能分离出较细的瓜丝，随着果实的长大，瓜丝逐渐变粗，可从 0.4 毫米发育至 2 毫米左右。

尹协芬等对崇明金瓜瓜丝的形成做了详细的观察：在显微镜下，瓜丝呈圆形或多面形，大小粗细不等，彼此镶嵌排列，瓜丝共 10 层左右，每一瓜丝是由中央的维管束及周围 3～5 层薄壁细胞组成。瓜丝间有较狭小的细胞将瓜丝分隔开。瓜丝是在花芽分化子房发育过程中逐渐形成的，开花前 2～3 天，瓜丝界限已经分明。开花授粉后，子房迅速膨大，瓜丝细胞亦增大，瓜丝间的小型薄壁细胞内开始贮存大量淀粉粒。以后，随着瓜体的发育，组成瓜丝的薄壁细胞内的淀粉粒增多，而瓜丝间细胞中的淀粉粒逐渐减少，并趋于老熟解体。开花后 2～3 周的果实横切面上，可见到瓜丝约呈环形排列于果壁内，用镊子拨动可使瓜丝分离。瓜丝有分枝，彼此交织成网状。经蒸煮或冷冻后，各瓜丝分离而成面条状。通过蒸煮或冷冻措施，使瓜丝细胞失水收缩后，瓜丝间薄壁细胞则处于分离状态。金瓜在贮藏期间，不断地失水减重，几个月后，未经处理瓜丝也能分离。但失水过多后，瓜丝干瘪，则不宜食用了。

搅瓜的栽培可以育苗移栽，也可露地直播。直播需在晚霜后，气温稳定在 15℃左右时进行，经 10 余天后出苗，再过 20 天左右定苗。为了提早上市，增加产量和减轻病害的发生，常利用冷床育苗，播种前应将床土充分晾晒，加盖塑料薄膜，提高床温。播种前浇足底水，促进出苗，并要注意保温，床温不能低于 8℃。出现真叶后，白天要逐步加大通风量，夜间床温应保持在 12℃左右，以防止幼苗徒长。育苗条件较好时，幼苗的单株叶面积可达 250～300 平方厘米，所以，育苗时的营养面积不宜太小，应在 100 平方厘米左右。定植前要施足底肥，一般亩施农家肥 1 500～2 500 千克，并可掺入氮磷钾肥。如采用地膜覆盖栽培，定植可比露地提前 5～7 天。若采用沟畦栽种地膜覆盖法或小高畦矮拱棚地膜覆盖栽培方式，均可提前 10～15 天定植。由于品种不同，种植密度也有差异，一般短蔓品种行距 1 米，株距 0.5 米，每亩 1 300 株左右。长蔓品种行距为 1.5 米，株距 0.5 米，每亩 800 株左右。

定植后要覆好土，浇足水，促进早发苗，在苗期还要少浇水，多中耕，提高地温，促进根系生长。缓苗后结合追施腐熟的人粪尿 1 次，这次催秧水，最好是开沟阴灌，然后再覆好土。定植后 15～20 天，植株生长速度缓慢，平均 3～4 天长出 1 片新叶，再过 7～10 天，生长速度加快，叶片数增长到 18～20 片，叶面积扩展也很大，植株便进入结瓜期。在初瓜期可追 1 次氮肥，每亩施尿素 7.5～10 千克。一般短蔓品种不需要整枝掐尖，长蔓品种必须及时摘去侧枝，仅留主蔓 18～20 片叶时掐尖，以促进幼瓜的生长发育。也可在 7～8 片叶时掐尖，留出二条侧枝结瓜，有利于增产。还可以在主蔓见雌花后掐尖，留 1 侧枝结瓜，其他多余的侧枝均需摘除。一般主蔓上的第一雌花在第十三至十五叶节上出现，侧枝上的第一雌花着生在第四至六叶节的叶腋间。一般单株结瓜 2～3个。在第一个瓜收获后，每亩可再追施尿素 5～7.5 千克，以防早衰减产。如果是以采收嫩瓜为目的，在谢花后 10～12 天，嫩瓜基本定型时，即可采收，但不宜贮藏。以采收老瓜为目的时，则要待瓜皮呈黄色，手指甲掐不动为准。对第一个瓜应及时采收，否则因主瓜优先吸取养分，而影响下层瓜的生长发育。

老熟瓜采收后，需放在通风、凉爽、干燥处贮藏，要注意防止鼠咬和潮湿烂瓜，如发现瓜皮上有黑色斑点，需及时处理，以免蔓延传染。如果贮藏条件好，可存放6～7个月。

搅瓜的病害与西葫芦病害相似。其中病毒病尤为重要。随着搅瓜种植面积的不断扩大，病毒病的危害也日趋严重。据张宏俊等调查，在崇明县搅瓜病毒病的发病率为30％～85％，严重田块高达100％。搅瓜感染病毒后，生长缓慢，发育不良，叶片变小，主蔓变短。轻病株上果实变小，重病株上果实畸形，甚至脱落失收。一般减产一二成，重者四五成。病毒病在叶片上的症状有花叶型和黄点型两类，花叶型的表现是新叶先呈明脉或褪绿斑点，继而形成花叶，严重时几乎全部失绿，或者顶部叶片似鸡爪状，甚至仅剩下数条线状的主侧脉。黄点型是在叶缘或近叶柄部分出现黄色小点，继而扩散到全叶。轻者可正常生长，重者叶片黄化，并向叶背卷缩，似泡泡纱布状。果实上的表现是造成瘤状突起和皱褶凹点两种类型。前者表现是病瓜表面布满大小不等的瘤状突起；后者是病瓜表面凹凸不平，布满深浅不一的皱褶及大小有异的凹点，似核桃状。造成这种病毒病的病原主要是黄瓜花叶病毒中的一个株系。春播搅瓜于5月上旬在植株有6～7片叶时开始出现病株，5月下旬至6月上旬的盛花期时是发病高峰，到果实膨大期便基本停止发展。果实上的症状通常在膨瓜后期出现，但重病株则早在开花前于雌花的子房上就可显现症状。发病愈早，症状愈明显，危害也愈重。病毒病的防治措施，主要是以栽培为主的综合防治措施，它与种植方式、品种、水肥管理等条件有关。目前，虽然还未选出抗病毒病的优良品种，但是，不同的品系间，其抗病性的差异还比较显著，需要进一步研究和推广。在栽培制度上要严格执行轮作制度，在同一块地上至少要间隔两年才能再行种植。同时，要采用合理的间作方式，以利于降低病毒病的危害。例如，搅瓜单作、与大麦间作及先与大麦后与玉米套种等3种栽培方式相比较时，可以看出：与大麦间作时，共同生长期长达20天左右，搅瓜当时正处在4～12叶期，由于麦秆的阻挡，避免了蚜虫大量的迁飞为害，有翅蚜的迁入总量比单作的金瓜减少90%，发病时间推迟了12天，病情指数降低19%左右。搅瓜与大麦、玉米间套种的避蚜效果更好，病情指数可比单作搅瓜降低80%。所以，在生产上应尽量采用间、套作法栽培，以避免蚜虫传播病毒，使病害减轻。对于单作的金瓜，可在蚜虫迁飞高峰期采用杀灭菊酯等药剂喷杀。一般在田间连续灭蚜3～4次，防治效果可达50%以上。在播种前利用55℃温水浸种40分钟，也有一定的防病效果。此外，在搅瓜定植后采用银膜覆盖地面，或用悬挂银膜法来驱避蚜虫的为害，减少毒源传播，也可以达到减轻病毒病和降低畸形果率的目的。在栽培过程中，还要注意水肥管理，特别在高温干旱年份应注意及时浇水，以降低地温。注意增施氮磷钾肥，提高搅瓜的抗病性。有调查表明，中肥区（亩用量氮3.15千克、五氧化二磷3.5千克、氧化钾7.5千克）、高肥区（亩用量氮3.68千克、五氧化二磷4.2千克、氧化钾9千克）要比低肥区（亩用量氮2.63千克、五氧化二磷2.8千克、氧化钾6千克）的病情指数低7%～40%。为了防治病毒病，搅瓜的栽培方式也可采用地膜加小拱棚覆盖栽培，提早定植和收获，在夏季高温来临时已到采收后期，这样，可躲过病毒病的危害。

搅瓜嫩瓜的食用方法与西葫芦相同，对于老瓜的食用方法，在上海《嘉定县续志》中就有记载："金瓜，春种夏生，蔓延棚架，花叶如南瓜，秋结实，皮薄而坚，色黄，剖之，筋络贯串,仿佛丝瓜,既老,去皮籽存瓤,煮之后浸冷水中,分散如丝,可拌食。"具体方法介绍如下:取瓜丝的方法有冷冻和加热两种。冷冻法是把瓜放在冬季自然低温条件下冷冻,或把瓜放在冷库中冷冻,待冻透后,再放回 10～20℃ 的自然温度或温水中解冻,再用刀从瓜的一端切个口或从瓜中部横切两段,不要纵切,以免把瓜丝切断,然后用筷子插入瓜内朝一个方向搅动,瓜丝即可绕筷子拉出。在没有天然或人工冷冻的条件下,可以利用加热法取丝。即将老瓜先放在冷水锅中加热,待水开 6～7 分钟后将瓜取出搅丝即可,如果老瓜皮厚可再煮 10 分钟左右取出搅丝。煮瓜时间的长短,应根据瓜的大小、皮的厚薄和老熟程度不同灵活掌握。如果煮后或冻后用筷子搅不出瓜丝来,则可剥去瓜皮,用手揉搓或撕瓜肉,也可成丝。鲜瓜丝取出以后,除去瓜瓤和瓜子,再把瓜丝放到开水中焯一下,并及时捞出放入凉水中冷却,再涝出沥水后备用。这样,既可增加脆度,又能增加鲜味和适口性。它可以单独成菜,也可拌做其他凉菜的配菜,根据消费者的习惯,调配成酸、辣、甜、咸等风味,主要调料是食盐、麻油、蒜泥、醋、姜汁、辣椒、味精、胡椒等。为了便于保存和携带,也可将鲜瓜丝晒成干品,制成脱水瓜丝,食用时用热水泡开浸透,即可恢复成鲜瓜丝状,然后再配料食用,风味良好。

二、佛手瓜

（一）概　述

　　佛手瓜别名合掌瓜、拳头瓜、万年瓜、洋丝瓜等。是葫芦科佛手瓜属中的栽培种，为蔓性多年生草本植物。佛手瓜是喜温而不耐热，又能在较低温度下生长结实的多年生菜用瓜。佛手瓜的结果期很长，在亚热带地区每年春秋两季结果，在温带地区作 1 年生作物栽培。原产于墨西哥和中美洲一带。18 世纪传入美国，约 19 世纪传入我国，在我国的华南和西南等地均有种植。由于佛手瓜的单株产量高，嫩瓜质脆味鲜，耐贮存，病虫害较少，作为一种无公害蔬菜和适应消费者对蔬菜多样化的需求，因而其栽培地域不断扩大。自 20 世纪 70 年代，山东烟台从福州引进试种成功后，在华北和东北地区也有推广。近年来，随着蔬菜品种的多样化栽培以及栽培设施的发展，佛手瓜的种植面积也有发展的趋势。据不完全统计，仅山东省种植面积就已达 2 万余亩。

　　每 100 克佛手瓜的果实中含有水分 90～92 克，蛋白质 0.9～1.2 克，碳水化合物 2.6～7.7 克，维生素 C 12～22 毫克，胡萝卜素 20 微克。钾的含量较高，可达 190 毫克。佛手瓜的植株适应性广，果实耐贮藏和运输，其瓜和地下块根均可食用。食用方法很多，鲜瓜可切片、切丝，作荤炒、素炒、凉拌、做汤、做饺子馅等。还可加工成腌制品或做罐头。在国外，佛手瓜以蒸制、烘烤、油炸、嫩煎等方法食用。除果实、块根外，嫩叶和新梢也可作为蔬菜食用。

佛手瓜适宜庭院种植，也可与粮、菜等多种作物间套种。由于它耐贮藏和运输，在 8～10℃ 条件下，可在室内存放 4～5 个月，因此，它是增加冬季瓜果类蔬菜供应的花色品种之一。

（二）植物学性状及生育特点

1. 植物学性状

（1）根

佛手瓜的根系最初是弦状须根，色白，随着植株的生长，须根逐渐加粗伸长，形成半木质化的侧根，上生不规则的副侧根，侧根长而粗，在一般土壤中，1 年生的侧根长 2 米以上，2 年生的侧根可长达 4 米以上。根系的分布范围广，吸收水肥能力强而耐旱。栽种 2 年后能产生类似山药的块根，但条件不适合则不易形成块根。在云南夜温高的炎热地区，植株容易衰老，一般无块根。据郭茂林等人报道，在山东种植也很少发现块根，但在定植早、发育好的植株上可发现垂直生长的块根，长 15～35 厘米，株产块根 0.5～3 千克。

（2）茎

佛手瓜的茎长而分枝性强，一般主蔓长达 10 米以上，几乎每节都有分枝，分枝上又有 2～5 级侧枝，蔓略呈圆形，色绿，有不明显的纵棱。茎节上卷须很大，与叶相对而生，到一定节位后着生雄花和雌花。

（3）叶

叶片互生，呈掌状五角形，而中央一角特别尖长，绿色至浓绿色。叶面较粗糙，略有光泽，叶背的叶脉上被有茸毛。

（4）花

雌雄同株异花，两者一般同节腋生，雄花为总状花序，花序轴长8～18厘米，着生10朵左右雄花。雌花单生，亦有着生2～3朵者。有的品种雄花较早地出现在子蔓上，雌花多着生于孙蔓上，主蔓也可结瓜但较迟。萼片、花冠均5裂，花色淡黄，异花授粉，虫媒花。

（5）果实

呈梨形，有5条明显的纵沟，将瓜分成大小不等的5大瓤，顶端有一条合缝线。瓜的表面比较光滑，有的品种瓜面有小肉瘤和硬刺。表皮绿色或白色，瓜肉白色，纤维少，具有清香味。单瓜重300～350克，大的可达600克左右。一般单株结瓜200～500个，大株可结瓜千余个。

（6）种子

每个瓜内只有1粒种子，当种子成熟时，几乎占满整个子房腔，它的种皮与果肉紧密贴合，不易分离。种皮系肉质膜状，没有控制种子内失水的功能。种子卵形、扁平，无休眠期，成熟后若不及时采收，极易萌发，从瓜中长出芽来，这是佛手瓜的一个显著特点。种子脱离果肉后极易干瘪，丧失生命，一般繁殖及贮藏时都是以整瓜为材料进行的。

2. 生育特点

1年生的佛手瓜完成一个生育周期，要经历发芽期、幼苗期、根系迅速生长期、植株旺盛生长期和开花结果期等5个时期。发芽期是从播种至第一片真叶出现。从第一片真叶出现到种瓜腐烂时为幼苗期。从种瓜腐烂到大发棵的阶段，地上部茎、叶生长缓慢，而根系生长迅速，为根系迅速生长期。

从大发棵到开花前，植株旺盛生长，成为植株的生长盛期，多在夏秋之交时。进入秋季后，从植株开花结瓜到初霜枯死为开花结果期。生长期为 180～240 天。

佛手瓜果实的生长进程，与其他瓜类果实的发育趋势一致。在开花至开花后 9 天，子房的鲜重增加缓慢，这时果实的生长是以细胞分裂为主，以后果实的鲜重开始迅速增加，水分和有机物也迅速增加，细胞快速伸长膨大，此时需要 12～15 天。当果实生长 24～30 天后，鲜重增加缓慢，水分和有机物的日增重量减少。由于佛手瓜是连续开花结果的瓜类，而且在果实生长过程中，水分的增加速率较干重的增加速率高 9 倍以上，所以，在整个结果期均应有充足的水分供应。

在南方温暖地区于秋季 9～10 月播种，第二年可提早萌发，植株的营养生长期较长，产量较高。但在较寒冷的地区则应于春季 3～4 月播种，越冬时不易被冻死。在进入第三年后即可大量采收，能连续采收 10～20 年。

北方露地种植，一般在 11 月份催芽育苗，第二年断霜后定植于庭院或菜田里，如与大棚菜间作时则可提前 1 个多月移栽。定植后一直进行营养生长，经过夏季即可长成枝叶旺盛的植株，9 月中旬开始现蕾开花，经 15～20 天就可达到商品成熟，应及时采收。留种瓜可延迟到霜降采收，食用瓜应在霜冻前采收完。植株经霜后枯萎。佛手瓜经过多年种植后，其抗寒性有所加强，可忍受 2～3 次轻霜，地上部可延迟到 11 月中旬枯萎。

（三）品　种

1. 绿　皮

生长势强，蔓粗壮而长，结果多，丰产，并能产生块根。瓜形较长而大，上有硬刺，皮色深绿。品质稍次。

2. 白　皮

生长势较弱，蔓较细而短，结果较少，产量较低。瓜形较圆而小，光滑无刺，皮白色。组织致密，品质较佳。云南、浙江等省均有栽培。

以上两种，据蔡克华介绍，系云南种植的佛手瓜品种。

3. 古岭合掌瓜

植株攀缘生长，分枝性强，叶掌状五角形，主侧蔓各节都生雌花。瓜梨形，外皮绿色，光滑，有光泽，无肉刺，肉质致密，品质佳。中熟，抗病性强。单果重200克，每株产量70千克。

4. 白皮佛手瓜

植株攀缘生长，分枝性强，第一雌花着生于主蔓第九叶节。瓜扁梨形，外皮浅绿色，成熟瓜白绿色，具不规则棱沟，无刺毛。肉质致密且脆，含水分较少，品质佳。单果重250克。亩产3 000～3 500千克。

以上两种，系福建省种植的品种。

（四）对环境条件的要求

1. 温　度

佛手瓜喜温，不耐寒。但温度过高，月平均气温达28℃以上时难以越夏。凡是在年平均温度达20℃左右，夏季各月平均温度在25℃左右，早霜来得迟的地区都能栽种，产量高而且有块根。长江以北，冬春寒冷，夏季炎热，结果期短，产量低。但若利用保护地栽培，可以延长生育期，也能获得较高的产量。种子发芽的始温为12℃，适宜温度为18～25℃。幼苗期生长的适宜温度为20～30℃；高于30℃时，植株生长受到抑制，但能忍受短时间40℃的高温。结瓜期温度要求较低。如低于5℃时，植株会受寒害而枯死。

2. 光　照

佛手瓜是较典型的短日照植物，在长日照下不会开花结瓜。如在北纬25°01′的昆明需到夏至后才开花，而在北纬22°30′的河口春季即可开花结瓜。一般在高纬度地区，无霜期短，日照长，开花结瓜迟，产量不高。佛手瓜喜中等强度的光照，比较耐阴，强光对植株生长有抑制作用。

3. 湿　度

佛手瓜的生长喜欢较大的空气湿度，当干燥时，植株生长势衰弱，一般在沿海地区或高温潮湿的地方长势良好。在炎热的夏天，应小水勤浇，增加土壤和空气的湿度，有利于佛手瓜的安全越夏。

4. 土壤和营养

佛手瓜枝叶繁茂,结瓜多,要求深厚肥沃湿润的壤土,在定植时应重施富含有机质的圈肥,并要分次施入速效农家肥或化肥,保证氮磷钾的供应。由于佛手瓜的根系发达,吸收水肥的能力强,对土壤的适应性也较强,所以,在庭院、沟旁、路边均可种植。适宜的土壤为微酸性。

(五) 栽培技术

由于我国南北方的环境条件差异很大,所以,栽培技术也有很大的不同,现分别介绍如下。

1. 南方栽培方法

(1) 种植时期

在四季温暖,冬季无霜的地区,可于秋季9~10月播种,翌年可提早萌发,营养生长期加长,产量较高。在较寒冷的地区,若秋播苗小,根系弱,不易安全越冬,所以,宜于春季3~4月播种。一般播种后第三年进入盛收期。栽培管理得当,可连续采收10~20年。

(2) 播种与育苗

佛手瓜是以整瓜作为播种材料的,它是真正"种瓜得瓜"的蔬菜。一般都采取直播方法种植。在较寒冷的地区,春播时可以利用简易的保护地设施,即在温床或温室中提早育苗,再选用较大的花盆(直径20~30厘米),装入培养土,每钵栽瓜1个,播后浇水,土壤要湿润,温度应保持在20~30℃,就能很快出苗生长,育成大苗,待终霜后再移栽于露地即可。幼苗期间勿施人粪尿，以免在烂瓜过程中感染病害，降低出苗率。

佛手瓜的种子尚未成熟时，种皮与果肉是紧密结合，不易分离的。种皮为肉质膜状，没有控制种子内水分损失的功能，当种子与果肉分离后，容易失水干瘪，使种子丧失生命力。所以，传统上均用整瓜作为播种的育苗材料。据蔡克华最早研究，佛手瓜种植时也可采用"光胚"繁殖，或称裸种繁殖。所谓"光胚"繁殖，就是当佛手瓜刚老熟开裂时（此时果肉与种子极易分离），将果肉和种皮去掉，用无种皮的裸露种子进行繁殖的新方法。用此法繁殖的植株，不论春播或秋播，其生长发育状况和产量，均与用种瓜繁殖者无甚差异。经过实际观察，其优点是：

①裸种繁殖出苗快，且出苗率高：据山东泰安市农业局观察，整瓜播种育苗的出苗率一般为 40%～70%，成苗率为 30%～60%；而裸种繁殖的，出苗率和成苗率均可达到 100%。裸种育苗，没有烂瓜问题，从而减少了病害感染的机会，容易培育壮苗。

②易于贮藏：在种瓜贮藏的过程中，常会自然萌发，子叶和裂缝口易受机械损伤甚至引起霉烂。而裸种贮藏时系采用沙层积，在温度不低于 0℃的条件下便能安全越冬，保证翌春播种。

③方便运输：裸种体积小，邮寄方便，节省包装运费。而利用种瓜繁殖则在调运过程中，因温度、湿度难以控制，常易引起腐烂，造成损失。

④经济利用：剖取裸种后的佛手瓜，仍能以沙层积贮存，保持一定的湿度，还可保鲜供食用。裸种播种亦是每塘一个，覆土 5～6 厘米，播后浇水，并要经常保持土壤湿润。

(3) 管理与收获

栽植佛手瓜时要挖大窝塘，深宽各 1～1.5 米，施农家肥及磷钾化肥作基肥，并在塘内再施入腐熟农家肥 50～100 千克，氮素 20～23 克，五氧化二磷 15～20 克，氧化钾 7～15 克。肥料与土要拌匀，并略加镇压，使塘内土面低于地面，以便灌溉和培土。每塘栽种瓜 1 个，种瓜要选用个大而无病害，并且已经发芽者。因为佛手瓜的构造比较特殊，有的瓜比较难出苗，所以，要选择已发芽的作种瓜。播种时将瓜平放或柄端向下，种植深度以瓜全埋没为度。新鲜的佛手瓜含有较多的水分，能够协调地供应种子发芽的需要，故不用另行浇水。如播种后大量浇水，还易造成种瓜霉烂。佛手瓜的幼苗，对人粪尿特别敏感，如果施用，容易枯萎而死。

佛手瓜是蔓性、分枝强的植物。所以，要在植株抽蔓时，及时设立支架，并经常地扶蔓上架。这样才便于整蔓和打侧枝等项操作。支架要求牢固，不被吹倒或压垮。

佛手瓜的子蔓、孙蔓结瓜较早，所以，要及时摘心，一般在主蔓长到 10 节左右时就应将顶打掉，以促进子蔓生长，子蔓再长到一定节位时，也要摘心，才能促进孙蔓的生长。如果侧枝的数量过大，造成郁闭时，应适当疏枝。

新种植的佛手瓜，第一年只有 1 根主蔓，自第二年后，从基部会萌发出很多茎蔓，不可能全都引蔓上架，否则，会降低产量，所以，在春季应及早地选留 2～3 根健壮的茎蔓作为主蔓，其余的都应及时去掉。

在佛手瓜秧的生长期间要注意及时中耕、除草和追肥。第二年春季植株萌发前，在瓜塘周围挖环状沟，埋施农家肥及磷钾肥料。

为了获取无籽的佛手瓜，也可在花期用 1 000ppm 赤霉酸羊毛脂涂抹柱头可获得无籽果实。

随着纬度的不同，佛手瓜的收获期也不相同。纬度越低，收获期越早。例如，云南省南端的河口县4～5月就可大量采收，随着纬度升高，温度递降，日照加长，收获期也相应延晚，昆明市于8～9月才进入旺收期。佛手瓜的花期长，采收期也长，需要分批采收，一般5～7天采收1次。供鲜食的，可适当采收嫩瓜，如需贮藏就必须采收老熟瓜，瓜皮变硬且发亮者耐贮藏。每棵成株可采收200～300个瓜，单瓜重为200～300克。

后期采收的老熟佛手瓜，可放在8～10℃的室内，不用其他设备，即可保鲜到翌年3月份。如有发芽者，去掉芽后仍可食用。

2. 北方栽培方法

佛手瓜自20世纪70年代以来，先后在山东、河南、安徽、江苏、河北、北京等地引种成功，并有较大的推广面积。根据佛手瓜对环境条件的特殊要求，与北方地区的多种保护地形式相配合，逐渐形成了一套有别于南方的配套技术。现将近年来的栽培经验，概括介绍如下：

（1）育　苗

由于佛手瓜要求的温度高，而北方地区无霜期又短，故不宜直播种植，全需进行育苗移栽。佛手瓜的种瓜发芽率仅为60%～80%，为了提高其发芽率也需催芽后育苗。

催芽。在立冬前后，选取大而无病、无伤的种瓜，放入塑料袋中，塑料袋一般长25厘米，宽15厘米，然后码放在筐中。或者将种瓜放在河沙间，下铺2～3厘米、上盖2～3厘米厚的河沙。放在温度为15～20℃的屋内催芽，催芽温度不宜太高，以免芽细弱而不健壮。经过 15 天左右，种瓜陆续长出根系，子叶张开后即可进入育苗过程。

育苗。育苗用的培养土是用渗透性好的沙土，或者用菜园土和细沙各掺一半，混拌均匀，其湿度掌握在不粘手即可。育苗的容器可用直径为 20～30 厘米的塑料袋或花盆。育苗时将催出芽的种瓜使发芽端朝上，柄端朝下，直栽或斜栽均可，然后覆土 4～6 厘米。再将其置于温室、阳畦或大棚内育苗，上面覆盖塑料膜保湿。育苗期间的温度保持在 20～25℃为宜。在育苗过程中，尽量少浇水，控制好湿度，只要叶片不严重凋萎就不必浇水，即使浇水也要少浇。如幼苗徒长，可于 4～5 片叶时摘心，促发侧芽，侧芽生出后，保留 2～3 个。对于弱苗则应加强温度控制和增加光照的措施，地温太低时也可铺设电热线育苗。

上面介绍了种瓜的育苗方法。为了提高出苗率，减少病害感染，并充分利用种瓜的经济效益，也可用裸种育苗方法来培育壮苗。据田素芹介绍，利用裸种育苗时需注意以下几个技术要点：

①选种：选择瓜重 200～300 克，瓜龄 25 天左右，成熟好而无损伤的瓜做种瓜。

②灭菌：种瓜采摘后保存良好，无碰伤、擦伤的可不必灭菌。如有损伤，可用水温 15～18℃配制的多菌灵 200 倍液，将未生芽的种瓜放在药液中浸泡一下取出晾干，然后进行催芽。如果种瓜已经生芽，则用刷子蘸药液刷种瓜表面，药液不要沾在根芽上。

③催芽：裸种幼芽生长的大小对育苗的影响较大，幼芽生长越大，出苗越快，苗也越壮，胚芽尚未萌动的裸胚，容易形成弱苗甚至不出苗。所以，在育苗前要催芽。催芽的方

法有两种：一种是塑料袋催芽法。即把种瓜装入塑料袋中，折叠袋口并封闭后，置于15～20℃条件下催芽。催芽时最好把瓜侧放，让先端的大纵沟与地面垂直，以便子叶生长后容易撑开缝合线，突破种皮及瓜肉，使种胚部分露出瓜体，经过15～20天，种皮便会陆续裂口，生根发芽，当根系长至3～5厘米，芽长2厘米左右即可转入育苗。另一种是细沙催芽法。即整好沙畦后，将种瓜摆在沙畦中，然后覆土，瓜上面埋2厘米厚的沙子，保持沙的相对持水量为75％～80％，温度15～20℃，当瓜芽长出沙面5厘米时，即可转入育苗。

④营养钵与培养土的配制：培养土的配制比例是肥沃的壤土2份，优质腐熟农家肥1份，细沙2份，过筛后混合拌匀，相对含水量调至70％～75％即可。营养钵可用直径12厘米，高20厘米的塑料袋，底部扎两个透水孔。也可用花盆当钵使用。

⑤取胚与装钵：把幼芽已长至3～5厘米的瓜，用两手轻掰先端的缝合线使裂口增大，至1厘米左右时，轻轻拨动子叶，待整个子叶活动时即可将胚全部取出。在取胚时不必将瓜分成两半，这样对瓜的损伤较小，取胚后仍可作为商品瓜上市或继续存放。裸胚取出后可随即育苗，也可存放，但必须在3～8℃的条件下保存，存放10～20天不影响育苗。

装钵时，先将部分营养土装入钵内，轻压后将芽向上的裸种栽入钵内，然后再覆盖营养土，覆土厚度以将子叶覆盖3厘米左右为宜。

⑥苗期管理：出苗前温度应保持在15～20℃，出苗后再降至10～15℃，以培育壮苗。培养土的含水量保持在70％～80％。光照要充足，光照不足的幼苗细弱、色淡。如在家庭内少量育苗时，白天要放到向阳面的窗台上，晚上再将其放

到温度适宜的地方。

此外，由于佛手瓜使用整瓜播种，成本较高，山东农科院蔬菜研究所采用茎切段扦插育苗获得成功。其具体做法是：用种瓜提前于11～12月育苗，培育出具有多侧蔓的健壮秧苗，3月上中旬将秧蔓剪下并切段，每段带2～3节。把切段的基部置于500ppm的吲哚乙酸或萘乙酸水溶液中浸泡5～10分钟，取出后扦插在育苗畦或育苗钵中。保持一定的湿度，温度控制在20℃左右。经过1周左右恢复生长，10天后根系伸长，要及时浇水追肥。天气转暖，终霜后即可出圃栽培。扦插苗的成活率可达75％～80％。但它比整瓜育的苗长势稍弱，所以，在生长前期应分次多施农家肥，可促早发苗、快发苗，也能获得较高产量。

（2）定　植

根据佛手瓜的生长特点，种植的方式已由庭院发展到大田，由单作发展到与粮、菜、食用菌类间作、套作，因此，定植的方式是很多的。从定植的时间来说，大田栽植，应在当地断霜后进行，宜早不宜迟。如用塑料拱棚进行保护地栽培，定植期就可提早10～15天。

在庭院内定植时，需选在庭院背风向阳处，搭架种植。先挖直径1～1.5米，深1米的栽培穴，将100～200千克优质农家肥、3～5千克三元复合肥，与穴土混匀后填入穴内整平，定植时把育苗用的塑料袋或钵去掉，将幼苗带宿土移入穴中，培土压实，并浇水1次。在庭院内种植最好每架栽2株，以利于授粉。定植后如盖有塑料棚，要昼揭夜盖，防霜增温，促进生长。一般在7月瓜蔓满架前，不影响院内其他蔬菜作物的生长。进入高温多雨季节时，院内春播蔬菜已经拉秧，佛手瓜蔓逐步满架，在架下可养鸡、鸭、兔等。每株到秋季可产佛手瓜 400 千克左右。

在菜园中定植的，要选择水肥条件好的土壤，并要通风透光好。可采用平地无架、半架栽培和全架栽培等方式。肥力好的地块，每亩种植 20～25 株，肥力差的可种 25～35 株。为了提高经济效益，可采用下列几种方式：

①春架豆套栽佛手瓜：架豆可按当地常规种植，于终霜后，在架豆畦背上套栽佛手瓜苗，每亩栽 25～30 株。待架豆采收后，佛手瓜的瓜秧攀缘豆架生长分布，从而提高了架材的利用率。架豆亩产值为 2 500～3 000 元，佛手瓜产值为 2 000～2 500 元。

②大蒜、洋葱地套栽佛手瓜：大蒜、洋葱按常规种植，4月中下旬在畦背上套种佛手瓜苗，每亩 20～25 株。大蒜单产可达 4 500 千克左右，洋葱可产 4 500～5 000 千克，佛手瓜可产 3 000～3 500 千克。

③小麦、佛手瓜、速生菜：在一般麦田的畦背上，每亩种植 25～30 株瓜苗，麦收后搭架。将瓜蔓扶绑在架上，架下种速生蔬菜，如油菜、菠菜、香菜、早熟萝卜等，利用瓜蔓爬满架前的时间，每亩速生蔬菜可收入 250～300 元，佛手瓜可产 2 000～2 500 千克，产值 2 000 元左右。

④利用日光温室和塑料棚间种佛手瓜：这是目前种植面积大而且收入又最高的一种方式。棚、室中的作物多为番茄、辣椒、黄瓜等。佛手瓜苗可与棚内作物同时定植，或略晚 7～10 天定植。每亩栽植 15～20 株。佛手瓜苗前期生长缓慢，到 7 月中旬以后迅速生长，此时恰为棚内蔬菜作物的采收高峰期过后，正处于去膜、拉秧阶段，可将佛手瓜秧引向棚架和支架上，继续生长。经过炎热的夏天，繁茂的植株布满了棚架，加强肥水管理后，于秋末开花结瓜，可以节约利用土地

和设施。佛手瓜苗在保护地条件下，生长发育比露地定植的苗大 4～6 倍。亩产蔬菜的收入可达万元以上，佛手瓜的产值为 2 500～3 000 元。

（3）管　理

佛手瓜在幼苗期生长缓慢，定植后生长速度逐渐加快，同时分枝能力增强，易形成丛生状态，影响主蔓的伸长与上架，所以，在前期应及时抹除茎基部的侧芽，每株保留 2～3 个生长健壮的子蔓即可。主蔓上架后，可进行 1～2 次摘心，因为结瓜数目在子蔓与孙蔓上为多，当瓜蔓爬上架后，卷须很易相互缠绕，要及时整理，调整好架面，使植株在棚架上分布均匀，以利于通风透光，增加结瓜数。

定植后要多次中耕松土，以促进根系生长，一般 6 月份以前植株生长缓慢，要浇小水，防止降温影响植株生长。在越夏期间，7～9 月份，气温升高，生长速度加快，要勤浇水，加大浇水量和增加浇水次数，如果在根系周围覆盖 10～20 厘米的草秸，保持土壤水分，可减少浇水次数。进入秋季后，植株茎叶生长明显加快，佛手瓜以生殖生长为主，进入了开花结瓜期，雌花在授粉 10 天左右时膨大最快，一昼夜间横径可增长 1 厘米，纵径增长 1.5 厘米。此时要适当增加浇水量，保持土壤湿润，但不要大水漫灌，水分过大也会影响瓜的膨大。遇大雨时还应注意及时排水防涝。

除施足底肥外，还应注意追肥。一般在 6 月上旬追第一次肥，每株用腐熟的人粪尿 5～7 千克，过磷酸钙 0.5 千克或复合肥 1 千克。追肥的方法是在距瓜苗 30～40 厘米处环状沟施，施后浇水覆土。第二次追肥在 7 月上中旬，这次距瓜苗 60～65 厘米开沟施入，每株施人粪尿 10 千克，过磷酸钙 1 千克，草木灰 3 千克，然后覆土浇水。第三次追肥在 8 月上旬，追肥数量大致与第二次相同。

佛手瓜抗病力强，很少发生病虫害，在生长期内一般不用药剂防治。

（4）收　获

佛手瓜开花结瓜比较集中，从白露到霜降有40～50天的结瓜期，要及时采摘，不然对茎叶生长影响较大。佛手瓜授精后发育很快，15～20天即可采食，对留种瓜和商品瓜，以在花后25～30天，瓜皮由深绿色变为浅绿色时采收为宜。为了提高产量，应尽量延长采收期，但必须在霜冻前采收完。在有条件的地方，根据天气预报，采取防冻措施，预先搭好塑料棚防霜，待气温回升后，延长结瓜期，可以提高产量。采下的瓜，应放在8～10℃的地方贮存。如在贮藏过程中长出胚根，可及时掐去，继续存放。收获地下块根，一般要在健壮植株的周围1～1.5平方米处，深挖30～40厘米即可找到。

（5）护根越冬

在北方栽培佛手瓜，常因气温突然下降，而使结瓜累累的植株因霜冻危害而停止生长，完成1年生栽培的生育周期。如果采取适当的护根越冬措施，可以使它变为多年生的栽培作物。根据栽培经验，佛手瓜的地下部，只要气温不低于5℃，就可安全越冬，即使有短时间的0℃，也不至于冻死。

在庭院栽培中越冬的成功率更高。当佛手瓜停止生长后割蔓，只留主茎1米左右，在根部周围撒0.5米厚的锯末、草炭或草木灰等透气保温良好的材料，上面用竹筐罩上，并盖上塑料薄膜，上端留一气孔，周围用土埋实。第二年3月上旬，从佛手瓜的基部可长出粗壮的新芽。这种瓜秧比1年生栽培者长势旺，上架早，产量高，单株产量可达300千克以上。

在菜园田内越冬时,是在霜冻后将佛手瓜的茎叶割除,留茬 0.5～1 米,在根部周围覆盖碎稻草、锯末、草木灰等,厚度为 30～50 厘米,覆盖面积在 2 平方米以上,四周用玉米秸或高粱秸围严,上面再用塑料膜保温防冻。如果在其周围打起土墙保温效果更好。

在日光温室内越冬时,可在佛手瓜结瓜的盛期过后割去茎叶,留茬 20～30 厘米,待根茎基部又萌发新芽后,摘去顶芽。此时冬春季的室内可种以黄瓜、番茄为主的作物,佛手瓜仅作副作栽培,它对黄瓜、番茄等产量影响甚微。于 7～8 月后,则以佛手瓜生长为主,进入第二年的采瓜期。

(6) 贮　存

佛手瓜不易失水霉烂,耐贮藏,便于较长距离运输,可调节冬春蔬菜淡季的供应。商品瓜贮藏的适宜温度为 8～10℃,最高不可超过 15℃。有资料报道,低于 8℃ 易出现低温障碍,但也有报道,不低于 3℃ 的条件也可存放。收获时要注意轻摘、轻拿、轻放,挑选没有挤压或碰伤的果实,将其放于塑料膜衬里的纸箱或果筐内,或者埋于河沙内,保持微湿透气,可贮藏半年之久。

佛手瓜也可在能保持适宜温度的地窖和沟窖中贮藏,贮存期会更长。

(7) 及时防治虫害

佛手瓜的虫害较少,但在栽培不当时亦会有发生。发生较为普遍的有白粉虱、红蜘蛛或其他螨类,因此,对佛手瓜的虫害亦不可掉以轻心,应及时观察与防治。如有发生,可喷洒 10% 扑虱灵乳油 1 000 倍液,或 25% 灭螨猛乳油 1 000 倍液等,均有防治效果。

金盾版图书，科学实用，
通俗易懂，物美价廉，欢迎选购

蔬菜调控与保鲜实用技术	18.50 元	指导	10.00 元
蔬菜科学施肥	9.00 元	绿叶菜病虫害及防治原色图册	16.00 元
蔬菜配方施肥 120 题	6.50 元	根菜类蔬菜周年生产技术	8.00 元
蔬菜施肥技术问答(修订版)	8.00 元	绿叶菜类蔬菜制种技术	5.50 元
现代蔬菜灌溉技术	7.00 元	蔬菜高产良种	4.80 元
城郊农村如何发展蔬菜业	6.50 元	根菜类蔬菜良种引种指导	13.00 元
蔬菜规模化种植致富第一村——山东省寿光市三元朱村	10.00 元	新编蔬菜优质高产良种	19.00 元
		名特优瓜菜新品种及栽培	22.00 元
种菜关键技术 121 题	13.00 元	蔬菜育苗技术	4.00 元
菜田除草新技术	7.00 元	豆类蔬菜园艺工培训教材	10.00 元
蔬菜无土栽培新技术(修订版)	14.00 元	瓜类豆类蔬菜良种	7.00 元
无公害蔬菜栽培新技术	11.00 元	瓜类豆类蔬菜施肥技术	6.50 元
长江流域冬季蔬菜栽培技术	10.00 元	瓜类蔬菜保护地嫁接栽培配套技术 120 题	6.50 元
南方高山蔬菜生产技术	16.00 元	瓜类蔬菜园艺工培训教材(北方本)	10.00 元
夏季绿叶蔬菜栽培技术	4.60 元	瓜类蔬菜园艺工培训教材(南方本)	7.00 元
四季叶菜生产技术 160 题	7.00 元	菜用豆类栽培	3.80 元
绿叶菜类蔬菜园艺工培训教材	9.00 元	食用豆类种植技术	19.00 元
绿叶蔬菜保护地栽培	4.50 元	豆类蔬菜良种引种指导	11.00 元
绿叶菜周年生产技术	12.00 元	豆类蔬菜栽培技术	9.50 元
绿叶菜类蔬菜病虫害诊断与防治原色图谱	20.50 元	豆类蔬菜周年生产技术	14.00 元
绿叶菜类蔬菜良种引种		豆类蔬菜病虫害诊断与防治原色图谱	24.00 元

日光温室蔬菜根结线虫防治技术	4.00元
豆类蔬菜园艺工培训教材(南方本)	9.00元
南方豆类蔬菜反季节栽培	7.00元
四棱豆栽培及利用技术	12.00元
菜豆豇豆荷兰豆保护地栽培	5.00元
菜豆标准化生产技术	8.00元
图说温室菜豆高效栽培关键技术	9.50元
黄花菜扁豆栽培技术	6.50元
日光温室蔬菜栽培	8.50元
温室种菜难题解答(修订版)	14.00元
温室种菜技术正误100题	13.00元
蔬菜地膜覆盖栽培技术(第二次修订版)	6.00元
塑料棚温室种菜新技术(修订版)	29.00元
塑料大棚高产早熟种菜技术	4.50元
大棚日光温室稀特菜栽培技术	10.00元
日常温室蔬菜生理病害防治200题	9.50元
新编棚室蔬菜病虫害防治	21.00元
南方早春大棚蔬菜高效栽培实用技术	10.00元
稀特菜制种技术	5.50元
稀特菜保护地栽培	6.00元
稀特菜周年生产技术	12.00元
名优蔬菜反季节栽培(修订版)	22.00元
名优蔬菜四季高效栽培技术	11.00元
塑料棚温室蔬菜病虫害防治(第二版)	6.00元
棚室蔬菜病虫害防治	4.50元
北方日光温室建造及配套设施	8.00元
南方蔬菜反季节栽培设施与建造	6.00元
保护地设施类型与建造	9.00元
园艺设施建造与环境调控	15.00元
保护地蔬菜病虫害防治	11.50元

以上图书由全国各地新华书店经销。凡向本社邮购图书或音像制品,可通过邮局汇款,在汇单"附言"栏填写所购书目,邮购图书均可享受9折优惠。购书30元(按打折后实款计算)以上的免收邮挂费,购书不足30元的按邮局资费标准收取3元挂号费,邮寄费由我社承担。邮购地址:北京市丰台区晓月中路29号,邮政编码:100072,联系人:金友,电话:(010)83210681、83210682、83219215、83219217(传真)。